U0518877

国家知识产权局软科学研究项目（项目编号：SS13-B-08）

中国申请人
在海外获得专利保护的
成本和策略

中国专利代理（香港）有限公司 编著

邰 红 主编　王丹青 副主编

知识产权出版社

全国百佳图书出版单位

图书在版编目（CIP）数据

中国申请人在海外获得专利保护的成本和策略/中国专利代理（香港）有限公司编著；邰红主编. —北京：知识产权出版社，2017.4（2018.6重印）

ISBN 978 - 7 - 5130 - 4777 - 7

Ⅰ.①中… Ⅱ.①中…②邰… Ⅲ.①专利申请—基本知识—世界 Ⅳ.①G306.3

中国版本图书馆 CIP 数据核字（2017）第 034852 号

内容提要

本书对中国申请人在海外（美国、日本、欧洲等国家或地区）申请专利的流程、相关费用以及各国的优惠政策作了详细的介绍，在此基础上给出了海外申请节约成本的一般性和针对性的策略与建议，为中国申请人获得海外专利保护提供了极具价值的参考。

读者对象： 注重策略性拓展海外市场、计划在海外相关国家以低成本获得专利保护的中国企业和个人，广大的涉外专利代理人和研究海外专利申请的学者。

责任编辑： 卢海鹰　可　为		**责任校对：** 潘凤越	
版式设计： 吴晓磊		**责任出版：** 刘译文	

中国申请人在海外获得专利保护的成本和策略

中国专利代理（香港）有限公司　编著

邰　红　主　编

王丹青　副主编

出版发行：知识产权出版社 有限责任公司		网　　址：http：//www.ipph.cn	
社　　址：北京市海淀区西外太平庄 55 号		邮　　编：100081	
责编电话：010 - 82000860 转 8122		责编邮箱：kewei@ cnipr.com	
发行电话：010 - 82000860 转 8101/8102		发行传真：010 - 82000893/82005070/82000270	
印　　刷：三河市国英印务有限公司		经　　销：各大网上书店、新华书店及相关专业书店	
开　　本：787mm×1092mm 1/16		印　　张：14.25	
版　　次：2017 年 4 月第 1 版		印　　次：2018 年 6 月第 2 次印刷	
字　　数：320 千字		定　　价：50.00 元	
ISBN 978 - 7 - 5130 - 4777 - 7			

出版权专有　侵权必究

如有印装质量问题，本社负责调换。

中国申请人在海外获得专利保护的成本和策略研究团队

课题负责人：

邰　红　中国专利代理（香港）有限公司　副总经理、副研究员

课题组成员：

王丹青　中国专利代理（香港）有限公司　申请部经理、副研究员

熊延峰　中国专利代理（香港）有限公司　中国专利代理人、美国专利代理人资格

吴玉和　中国专利代理（香港）有限公司　北京办事处副主任、副研究员

汲长志　中国专利代理（香港）有限公司　机械部副经理

郭　煜　中国专利代理（香港）有限公司　副研究员

邹　莉　中国专利代理（香港）有限公司　翻译、助理研究员

孟　璞　中国专利代理（香港）有限公司　律师助理

陈　然　中国专利代理（香港）有限公司　律师助理

耿德强　国家知识产权局办公室　副主任科员

王韦玮　国家知识产权局条法司　主任科员

序

    经过 15 年的发展，中国企业"走出去"经过不断升级的三个阶段后，正式迈入 4.0 时代，与全球竞争者同跑。在"一带一路"和"中国制造 2025"等政策纲领推动下，越来越多的中国企业抱团"出海"，开展国际合作。据中国商务部的数据显示，2015 年中国对外非金融类直接投资达 1180.2 亿美元，同比增长 14.7%，这是中国对外直接投资连续第 13 年增长。

    与此同时，发达国家更加注重利用知识产权巩固其创新优势，跨国公司更加频繁地将知识产权作为遏制竞争对手的手段，中国企业"走出去"遭遇知识产权海外纠纷数量居高不下，规模越来越大，范围越来越广，对多个企业乃至相关行业造成不利影响。中国企业"走出去"，要兵马未动，粮草先行，及早进行知识产权的全球布局。而中国企业在获得海外专利授权的过程中，又面临成本高、不懂国外法律制度、不熟悉申请程序三大困难。

    本书精心挑选了中国企业在海外投资最多的十余个国家/地区，如美国、欧洲、日本、韩国等，仔细梳理了这些国家/地区的专利申请流程、所涉费用、申请费用优惠政策，并对该国家/地区具有的特殊申请程序进行了详细介绍。本书还就对外申请中的共性问题——申请途径的选择、保密审查、专利审查高速路（PPH）、年费管理、域外事务所的选择、减低申请费用的策略等做了深入的归纳和探讨。在目前国家推动企业"走出去"为经济发展注入新动力、增添新活力、拓展新空间的大形势下，这本书实务指导性强，是业界难得的一本好书。

    是为序。

中国专利代理（香港）有限公司总经理
二〇一六年十月于北京桦皮厂胡同国际商会大厦

前　言

　　随着我国创新型国家建设的不断推进和国家知识产权战略的深入实施，我国企业的自主创新能力和知识产权运用能力明显提升。在经济全球化的大趋势下，中国企业加快了在全球的专利布局，因而，更好地保护拥有自主知识产权企业的利益，助其开拓海外市场，刻不容缓。

　　本书主要关注中国（相关数据不包含港、澳、台）申请人在海外申请专利可能发生的费用以及各国提供的优惠政策，并在此基础上提出可供申请人参考的节约费用的方法。所涉及的国家或地区包括：日本、韩国、美国、加拿大、欧盟、英国、法国、德国、俄罗斯、印度、巴西、墨西哥和澳大利亚。本书所涉的费用包括上述海外申请自提出至获权所涉及的全部费用，主要涉及各主要国家关于专利申请的官费标准，以及申请过程中的代理费。此外，还将就日益发展的专利审查高速路（Patent Prosecution Highway，PPH）对海外专利申请费用的影响加以研究。就优惠政策而言，主要收集上述各国家对专利申请官费的减免措施，特别关注这些减免措施对本国和外国申请人有无差别，以进一步探究其是否可为中国申请人所利用。

　　在研究方法上，首先，广泛收集、翻译有关资料和基础数据，包括各主要国家申请专利的官费及代理费构成、各主要国家专利局的费用减免、优惠政策情况等，然后向国外专利代理机构调查该国的专利申请费用。特别值得一提的是，在专利申请过程中，费用是与程序紧密相连的。因此在广泛收集费用资料的同时，也对各国的专利流程进行了介绍，并将各个流程中可能出现的费用节省点进行了梳理和重点讲解。其次，在已有的数据、资料基础上，进行分类、整理、深入分析、研究整个费用体系的各部分构成、各种可能惠及中国申请人的优惠政策，针对国内申请人在对外申请中的问题和建议进行广泛调研。最后，针对中国的经济发展情况以及中国申请人的情况，结合各主要国家对本国申请人以及外国申请人的费用减免政策等，提出中国各申请主体的向外申请策略的建议。

　　本书撰写的具体分工为：王丹青负责第一章；孟璞、陈然负责第二章；熊延峰、陈然负责第三章、第四章；汲长志、邹莉负责第五章至第八章；郭煜负责第九章、第十章；王丹青负责第十一章至第十七章；孟璞、陈然负责第十八章。袁荟、魏逍然、张咪对本书也作出了贡献。本书由中国专利代理（香港）有限公司邬红、吴玉和进行审稿，国家知识产权局条法司董铮副司长在本书的成书过程中提出了许多宝贵的指导性意见。此外，在本书的撰写过程中，国家知识产权局条法司、初审及流程管理部和中国专利代理（香港）有限公司电脑部、申请二部给予了大力支持，提供了无私帮助，本书编写组在此一并表示衷心的感谢！

邰　红

2016. 10

主要缩略语

简称	全称
AESD	加速审查支持文件
AE	加速审查
AFCP 2.0	"后最终审查试点 2.0"项目
AIPLA	美国知识产权法联盟
CGPDTM	印度专利、设计及商标管理局
CIPO	加拿大知识产权局
CIP	部分继续申请
CIR	研发税收抵免
CP	继续申请
CSE	检索与审查相结合
DPMA	德国专利商标局
EAPO 或 EA	欧亚专利组织
EPC	欧洲专利条约
EPO	欧洲专利局
ETI	中型企业
FER	第一次审查意见通知书
FSI	法国战略投资基金
Global PPH	全球专利审查高速路
IDS	信息公开声明
INPI	巴西工业产权局
INPI	法国国家工业产权局
IPAU	澳大利亚知识产权局
IPEA	国际初步审查单位

简称	全称
IPER	国际初步审查报告
ISA	国际检索单位
JEI	创新型新公司
JPO	日本特许厅
KIPO	韩国知识产权局
OEE	首次审查局
OFF	首次申请的专利局
OLE	在后审查局
OSF	后续申请的专利局
PACE	欧洲专利申请加快审查程序
PCT	专利合作条约
PE – RCE	RCE 优先审查
PME	中小型企业
PPH	专利审查高速公路
PTR	技术扶助措施
QPIDS	信息公开声明快速通道项目
RCE	请求继续审查
ROSPATENT	俄罗斯联邦知识产权局
SBIR	中小企业技术革新计划
SIPO	（中国）国家知识产权局
UKIPO	英国知识产权局
UPC	专利诉讼法院
USPTO	美国专利商标局
WIPO	世界知识产权组织
WO	书面意见

目　录

第一章

概 述

第一节　中国申请人在海外获得专利保护遇到的困难

当今世界，创新在经济发展战略中成为一项越来越重要的因素。我国政府非常重视运用知识产权制度促进经济社会全面发展，以转变我国经济发展方式，提升国家核心竞争力，满足人民群众日益增长的物质文化生活需要。国务院于 2008 年颁布实施了《国家知识产权战略纲要》，首次将知识产权战略上升为国家战略，提出建设创新型国家的总体规划。

《国家知识产权战略纲要》明确提出，"近五年的目标是——自主知识产权水平大幅度提高，拥有量进一步增加。本国申请人发明专利年度授权量进入世界前列，对外专利申请大幅度增加。"截至 2013 年底，《国家知识产权战略纲要》5 年目标基本完成；我国每万人口发明专利拥有量达到 4.02 件，提前完成"十二五"规划指标❶。

随着创新型国家建设的不断推进和国家知识产权战略的深入实施，我国企业的自主创新能力和知识产权运用能力明显提升。在经济全球化的大趋势下，中国企业加快了在全球的专利布局，因而，更好地保护拥有自主知识产权企业的利益，助其开拓海外市场，刻不容缓。

世界知识产权组织（World Intellectual Property Organization，WIPO）的统计数据显示，我国对外专利申请量持续增长，且近几年增速明显加快。2013 年，国家知识产权局（State Intellectual Property Office，SIPO）共受理《专利合作条约》（Patent Cooperation Treaty，PCT）国际专利申请 22924 件，其中 20897 件来自国内，占 91.6%，同比增长 15.2%❷。2012 年，国家知识产权局共受理通过 PCT 途径提交的国际专利申请

---

❶ 知识产权报社论：深化改革谋发展 锐意开创新局面［EB/OL］.（2014 – 01 – 17）［2014 – 03 – 10］. http：//www.sipo.gov.cn/mtjj/2014/201401/t20140117_898805.html.

❷ 2013 年我国发明专利授权及有关情况新闻发布会［EB/OL］.（2014 – 02 – 20）［2014 – 03 – 10］. http：//www.sipo.gov.cn/twzb/2013nwgfmzlphqk/.

1.9926 万件，其中 1.8145 万件来自国内，占 91.1%，同比增长 12.8%❶。

据调查，中国申请人在向外申请专利时，遇到的最主要的困难是高昂的专利申请成本❷，这在很大程度上影响了我国申请人向外申请专利的积极性。我国的大专院校和研究机构，以及绝大多数的中小企业，难以筹措大量资金进行海外专利申请。虽然已经有部分大型企业制订实施了对外专利申请的战略规划，并投入了对于企业而言相当可观的专利申请专项资金，但这些资金实际能够支撑的对外专利申请数量仍然有限。此外，某些对外申请需要经历申请、审查、复审、异议等多个程序才能获得授权，除了要向有关国家专利局缴纳专利申请官费外，还需要向接受委托的专利代理机构或律师事务所支付高额代理律师费。

针对这种情况，我国政府曾制定了相应的资助政策，鼓励支持国内申请人对外申请。从 2009 年起，中央财政设立专项资金，发布《资助向国外申请专利专项资金管理暂行办法》，资助国内中小企业、事业单位和科研机构向国外申请专利。2012 年 4 月，财政部根据 3 年来专项资金的执行情况，为更好地发挥财政资金效益，对暂行办法作了修改，制定了《资助向国外申请专利专项资金管理办法》。根据国家知识产权局 2010 年的统计，政府资助对鼓励国内申请人向外申请专利取得了一定效果，但资助多用于科研单位，企业和个人所得较少，企业和个人获资助比例在 50% 及以上的不及一成❸。各地也相继出台了地方性的专利资助政策，鼓励当地的申请人更好地运用专利制度。中央财政专项资金资助项目已于 2014 年停止实施。

与此同时，我国专利申请人缺少获取对外专利申请信息的有效渠道，不能实时、有效地掌握各国专利申请的具体程序、基本费用构成、费用减免的优惠政策等信息。从目前我国提供对外专利申请信息的现状来看，也不能满足国内申请人在对外申请过程中的日益突出的需要。因此，亟待对海外专利申请的费用构成、减免政策、减免适用资格等进行系统整理、深入研究，为我国申请人在海外获得专利保护提供策略支持。

第二节　向外申请费用成本研究的开端

国家知识产权局作为国务院专利行政部门，一直积极关注和引导中国申请人在海外申请专利的工作，并对中国申请人海外获权遇到的困难持续进行了研究。在跟踪这一问题的过程中，相关部门注意到，关于中国专利向外申请问题，有学者就国家创新

---

❶ 2012 年我国 PCT 国际专利申请受理量增长 14.0% ［EB/OL］．（2013 - 01 - 18）［2014 - 03 - 10］．http：//www.sipo.gov.cn/yw/2013/201301/t20130123_ 783999.html.

❷ "专利权人在提交 PCT 申请时，遭遇到的最主要困难是有高昂的专利申请成本（58.4%）。特别是大专院校和科研单位，大多以非营利为目的，没有雄厚的资金作为支撑，遇到资金困难的比例依次高达 84.1% 和 67.7%；进入国家阶段以后，申请遇到的主要困难仍然是申请成本较高（48.1%）。" 引自：我国专利国际申请调查报告 ［J/OL］．（2012 - 08 - 22）［2014 - 03 - 10］．http：//www.sipo.gov.cn/ghfzs/zltjjb/201310/P020131025653446658081.pdf.

❸ 同上，见该调查报告第 10 页。

体系、中小企业的专利政策等课题进行过相关论述，但其关注点大多在于从政府的角度探讨如何建立国家创新体系，更好地扶持、鼓励我国申请人对内、对外申请，如何借鉴国外的先进经验等。对于中国申请人海外专利申请的费用结构、如何利用各国的减免政策减少成本的课题，目前国内尚没有针对性、系统性的研究。特别是，由于对各国的特有程序、官费制度和减免政策，以及当地律师费用的构成不甚了解，我国申请人在向外申请专利时，不仅可能造成资金浪费，影响申请效率，而且可能影响中国申请人的海外专利布局。

为弥补这一领域的研究空白，2013 年，国家知识产权局条法司向国家知识产权局申报了《中国申请人在海外获得专利保护的成本和策略》这一软科学项目，并选择中国成立最早的涉外专利代理机构之一、在中外专利代理界享有盛誉的中国专利代理（香港）有限公司（以下简称"港专"）承接这一研究项目。

港专课题组在接到这一任务后，首先，广泛收集、翻译有关资料和基础数据。港专有从事内向外申请代理近 30 年的实践经验，深知研究费用是和专利申请流程密不可分的。除了各国的政策性的费用优惠外，熟练掌握和运用各国专利流程，也能达到节省显性和隐性费用的目的。因此课题组从各主要国家的专利申请流程入手，整理申请流程与相关费用的联系，收集了各主要国家的近 20 年来向外申请的数据资料，包括各国专利申请的官费及代理费构成、各国专利局的费用减免或优惠政策情况等，并向国外专利代理机构调查该国的专利申请费用。其次，在已有的数据、资料基础上，进行分类、整理、深入分析、研究整个费用体系的各部分构成，各种可能惠及中国申请人的优惠政策，并针对国内申请人在对外申请中的问题和建议进行广泛调研。最后，针对中国的经济发展情况以及中国申请人的情况，结合各主要国家对本国申请人以及外国申请人的费用减免政策等，提出中国各申请主体的向外申请策略的建议。

2014 年底，历时一年半的《中国申请人在海外获得专利保护的成本和策略》项目顺利结题，研究成果获得了评审专家的高度好评，并在此基础上经过修订，形成了本书的主要内容。就费用而言，本书的内容包括海外申请自提交至获权所涉及的全部费用，主要涉及各主要国家关于专利申请的官费标准，以及申请过程中的代理费。所涉及的国家或地区包括：日本、韩国、美国、加拿大、欧盟、英国、法国、德国、俄罗斯、印度、巴西、墨西哥和澳大利亚。此外，还将就日益发展的 PPH 对海外专利申请费用的影响加以研究。就优惠政策而言，主要收集各国家对专利申请官费的减免措施，特别关注这些减免措施对本国和外国申请人有无差别，以进一步探究其是否可为中国申请人所利用。随后，本书在出版的过程中对所涉数据进行个别完善，因此本书数据的截取范围，除各章节中另有标注外，均截至 2014 年 6 月 30 日。

本书编著者期望通过本书的研究成果，能够帮助中国申请人分析、制订有利于中国申请人的对外专利申请工作方案和有效的成本策略。

第二章

总　论

第一节　保密审查

在介绍海外专利申请之前，首先需要明确我国的保密审查制度，因为保密审查是对在中国完成的发明或实用新型向海外申请专利的第一步。

保密审查制度是 2008 年第三次修改《专利法》时新设立的制度。根据《专利法》第 20 条的规定，对于在中国完成的发明创造，申请人向外国申请专利时需要报经国家知识产权局进行保密审查。在中国完成的发明创造，是指技术方案的实质性内容在中国境内完成的发明和实用新型（不包括外观设计），不管发明人和权利人是否为中国公民或法人，在向外国申请专利之前，都应当先向国家知识产权局申请保密审查。只有通过了保密审查，才能向外国申请专利。

根据《专利法实施细则》第 8 条的规定，保密审查的方式有如下 3 种。

（1）如果申请人准备直接向外国申请专利或者向国家知识产权局之外的其他受理局提交 PCT 国际申请（PCT International Application），申请人应当事先向国家知识产权局提出保密审查请求，并详细说明其技术方案。该技术方案一般包括发明内容、实施例以及附图，也必须和将来在国外提交的专利申请中的技术方案实质相同。需要注意的是，如果在保密审查请求中附具的技术方案与在中国的专利申请中的技术方案存在差距，就有可能被认定为部分技术方案没有经过保密审查。因此如果申请也希望在中国获得专利，建议慎重考虑是否采用这种方式。

（2）在中国申请专利后，准备向外国申请专利或向国家知识产权局之外的其他受理局提交 PCT 国际申请的，应当在向外申请前向国家知识产权局提出保密审查请求。以这种方式进行保密审查，申请人只需要另行提交《向外国申请专利保密审查请求书》，保密审查依据的文本为该项专利中国申请的申请文本。采用这种方式提交保密审查请求的，可以选择在提交中国申请时同时提交，或者在提交中国申请之后单独提交请求。

（3）如果直接向国家知识产权局提出 PCT 国际申请，这种情况就视为申请人同时提出了保密审查请求。该 PCT 国际专利申请可以是中文或英文，可以指定或不指定中国。也就是说，在通过 PCT 途径申请专利时，如果通过国家知识产权局提交国际申请，可以省略提交保密审查请求的环节。

如果申请人违反了《专利法》中关于保密审查的规定，不管申请人先在中国申请专利而后向外申请专利，还是先向外申请专利而后又回到中国申请专利，如果有证据证明该专利申请未经国家知识产权局保密审查就已经向外申请，那么国家知识产权局对其在中国的专利申请不予授权；对于已经授权的中国专利，则可以宣告中国专利无效。

虽然保密审查不收取官费，但是会带来一定的时间成本。《专利法实施细则》第 9 条规定，"……申请人未在其请求递交日起 4 个月内收到保密审查通知的，可以就该发明或者实用新型向外国申请专利或者向有关国外机构提交专利国际申请。……申请人未在其请求递交日起 6 个月内收到需要保密的决定的，可以就该发明或实用新型向外国申请专利或者向有关国外机构提交专利国际申请。"

而根据目前的审查实践，请求人在提交向国外申请的保密审查请求后，国家知识产权局均会发出通知书，明确经审查该发明创造是否通过了向国外申请专利的保密审查。在单独提交保密审查请求或与中国申请同时提交/在中国申请提交之后提交请求的情况下，国家知识产权局会发出《向外国申请专利保密审查意见通知书》；在向国家知识产权局提交 PCT 国际申请的情况下，国家知识产权局发出的 RO/105 表被视为告知申请人是否通过保密审查的通知。

由于中国申请人一般均会在中国申请专利，考虑到提交保密审查成本较低，而违反保密审查规定的后果严重，建议申请人在提交中国申请的同时一并提交保密审查请求，或者以国家知识产权局作为受理局提交 PCT 国际申请，而不要等到需要向国外申请专利时再提出保密审查，以免耽误时间、增加程序和费用。

第二节 中国申请人对外专利申请的途径

经过保密审查之后，申请人就可以开始向国外申请专利了。一般而言，中国申请人申请其他国家的专利主要有 3 种途径：《巴黎公约》途径、PCT 国际申请途径以及直接向目标国家提出申请。下面就这 3 种途径分别加以简要介绍。

一、《巴黎公约》途径

《巴黎公约》全称《保护工业产权巴黎公约》，目前成员国为 175 个❶，我国于

---

❶ PCT 成员国、巴黎公约成员国、世界贸易组织成员（2013 年 7 月更新）〔EB/OL〕. http://www.sipo.gov.cn/ztzl/ywzt/pct/zlk/200811/t20081117_ 425766.html.

1985年3月加入。《巴黎公约》规定的工业产权的范围，主要包括专利、实用新型、外观设计、商标、服务标记、厂商名称、货源标记或原产地名称和制止不正当竞争等。

《巴黎公约》第4条关于"优先权"的规定：已经在一个成员国正式提出了发明专利、实用新型专利、外观设计或商标注册申请的申请人，在其他成员国提出同样的申请时，应该在规定期限内享有优先权。发明专利和实用新型的优先权申请期限为12个月，外观设计和商标的优先权申请期限则为6个月。

中国是《巴黎公约》组织成员国，中国申请人在中国申请专利后，可以利用上述关于"优先权"的规定，对于发明专利和实用新型专利申请在12个月内，对于外观设计申请在6个月内，以在先申请为优先权向国外申请专利。在超过优先权期限之后，如果原申请尚未公开，仍有可能在其他国家申请并获得专利权，但此时不再享有优先权。此外，有些国家在优先权期限超过后，还可以在满足一定条件的情况下要求恢复优先权，在后文介绍各国专利制度时将就此进行具体介绍。如图2-1所示。

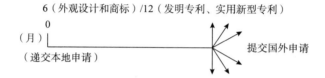

图2-1　《巴黎公约》有关优先权的规定

《巴黎公约》途径的主要优势在于其优先权制度，即可以排除他人在优先权期内就同样的发明创造提出申请，同时使申请人在优先权期限内有机会对自己的发明创造进行改善。

在费用方面，通过《巴黎公约》申请海外专利，申请人需要支付国外官费（申请费、优先权要求费）、代理费、翻译费等。由于全部海外申请均需在有限的优先权期限内提出，费用的发生会比较集中，如果在较多国家提出申请，就需要申请人有充足的资金准备。而且由于各国对专利法的语言、文件形式等要求均不相同，可能产生更多的代理费。

二、PCT国际申请途径

PCT是由WIPO国际局管理的、在《巴黎公约》下的一个方便专利申请人获得国际专利保护的国际性条约。目前PCT成员国为148个❶。我国于1994年1月1日加入，国家知识产权局是PCT的受理局（RO）、国际检索单位（ISA）和国际初步审查单位（IPEA）。

通过PCT途径在海外申请专利，申请人只要根据该条约提交一份国际专利申请，即可同时在所有成员国中要求对其发明进行保护。需要注意的是，只有发明或实用新

---

❶ PCT成员国、巴黎公约成员国、世界贸易组织成员（2013年7月更新）［EB/OL］. http：// www. sipo. gov. cn/ztzl/ywzt/pct/zlk/200811/t20081117_ 425766. html.

型专利才可以通过 PCT 途径申请专利，外观设计不能通过 PCT 途径申请。

具体来说，通过 PCT 途径申请专利可以分为国际阶段与国家阶段。在国际阶段，PCT 指定的受理局对国际专利申请进行形式审查、国际检索和国际初步审查。中国申请人可以中文或英文向国家知识产权局提交申请。如图 2 - 2 所示。完成国际检索和国际初步审查后，在优先权日起 30 个月（在欧洲地区阶段的期限为 31 个月）内，申请人应指定其想获得专利权的国家（指定国），并进入该国的国家阶段，由被指定的 PCT 成员国审查决定是否授予该国的专利。

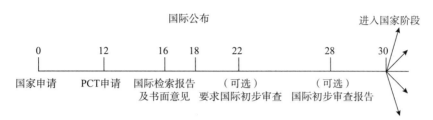

图 2 - 2   PCT 国际申请的国际阶段流程

PCT 途径的优点在于最长可以有 30 个月的时间选择进入国家阶段，申请人有更为充裕的时间决定申请的目的国；可以用中文一种语言提交申请，使得提交方式更为便捷。

通过 PCT 途径申请海外专利，可能产生的费用主要有，提出国际申请时应缴纳的传送费、检索费、国际申请费、优先权文本制作费（如有）、审查费和手续费（如果要求国际初步审查）、进入国家阶段时应缴纳的各国官费、代理费，以及翻译费等。

相对于《巴黎公约》途径，通过 PCT 途径申请会多产生 PCT 国际阶段的费用。如果申请人计划进入的国家十分明确并且数量很少，PCT 途径可能不太经济。但是 PCT 途径给予申请人更多时间考虑要进入的国家。申请人还可以根据国际检索报告和国际初审报告（可选）的结果评估专利申请的质量，或者对提交的国际申请文件进行修改。在国际阶段申请人可以通过国内代理机构修改申请文件，相对于进入国家阶段后通过目标国代理机构进行修改，由于国内代理机构收费较低，可以节省可观的费用。此外，由于时间更为宽裕，申请人可以更为自由地安排进入各国的时间，避免短期内的需要缴纳大额费用的情况。

三、直接向目标国家提出申请

中国申请人也可以选择直接向目标国家的专利管理部门提交专利申请。但是这种做法相当于放弃了 12 个月的优先权与准备时间，很可能导致撰写成本等的大幅上升，在当前专利实践中较少为申请人采用。

第三章

美 国

随着中国经济的发展，中国企业"走出去"的步伐也在不断加快。作为全球最重要的市场之一，中国申请人对在美国申请专利也越来越重视。根据美国专利商标局（United States Patent and Trademark Office，USPTO）的统计数据，2010 年中国申请人在美国获得的专利授权数为 3303 件，2011 年这一数字增长到 3786 件，而在 2012 年则进一步增加到 5341 件，2011 年的增长率为 14.6%，2012 年的增长率为 41%。从比例上看，中国申请人获得的授权专利在当年美国全部专利授权量中所占比例也在逐年增高，从 2010 年的 1.4% 上升到 2011 年的 1.5%，在 2012 年则达到 1.9%。中国申请人在美国的专利授权量呈逐年稳步上升的趋势❶。

下面将首先简要介绍在美国申请专利的基本程序，特别是中国申请人在美国申请专利的途径以及美国专利申请程序中比较独特的制度设置。其次将结合 USPTO 的信息以及过去的申请经验，就申请人较为关注的专利申请成本问题进行初步介绍和研究，特别是重点关注了美国专利申请相关的费用减免政策以及享受这些减免政策的条件。最后将从节省费用的角度给出一些应注意的方面并为申请人提供相应的建议措施。

第一节　美国专利申请程序

一、专利申请进入美国的途径

1. 直接向美国申请

中国申请人可以选择直接向 USPTO 提出发明专利申请。美国专利包括发明专利、外观专利、植物专利三种类型，而没有实用新型专利，因此对专利申请的可专利性提

---

❶ 数据来源：美国专利商标局官方网站，最后访问时间为 2016 年 9 月 28 日。Patenting Trends（Calendar Year 2010），http：//www. uspto. gov/web/offices/ac/ido/oeip/taf/pat_ tr10. htm；Patenting Trends（Calendar Year 2011），http：//www. uspto. gov/web/offices/ac/ido/oeip/taf/pat_ tr11. htm；Patenting Trends（Calendar Year 2012），http：//www. uspto. gov/web/offices/ac/ido/oeip/taf/pat_ tr12. htm.

出了较高的要求。

2. 通过《巴黎公约》进入美国

申请人在《巴黎公约》国家提出专利申请后，可以该专利作为优先权，发明专利在优先权日起 12 个月之内，外观专利在优先权日起 6 个月之内可向 USPTO 提出专利申请。此外，自 2013 年 12 月 18 日之后，申请人可在上述优先权要求期限过期后的 2 个月内要求恢复优先权。如需恢复优先权，申请人需提交一份请求，声明其优先权要求的延迟并非故意，并需缴纳相应费用。

3. 通过 PCT 途径进入美国

与绝大多数国家不同，在美国通过 PCT 途径申请专利有两种方式：（1）根据 35 U. S. C. 371 之规定进入美国国家阶段，如图 3 - 1 所示；（2）根据 35 U. S. C. 111（a）之规定进入美国，如图 3 - 2 所示。

（1）根据 35 U. S. C. 371 进入美国国家阶段

图 3 - 1　以 35U. S. C. 371 之规定进入美国国家阶段

此种进入美国国家阶段的申请方式与通过 PCT 国际申请进入其他国家阶段的方式大体相同。进入美国国家阶段时需提交 PCT 国际公布文本的准确译文，可按照 PCT 第 28 条、第 41 条进行修改，其修改不得超出原 PCT 国际申请公布的范围。

（2）根据 35U. S. C. 111（a）进入美国

图 3 - 2　以 35U. S. C. 111（a）之规定进入美国

根据 35U. S. C. 111（a）进入美国，简单概括起来在原 PCT 国际申请的基础上在美国提出"继续申请"或"部分继续申请"，同时视为申请人放弃通过上述第一种方式根据 35U. S. C. 371 使原 PCT 国际申请进入美国国家阶段。其优势在于申请人不必提交原 PCT 国际申请公布文本的准确英文译文；可对原申请文件进行修改或增加新内容（部分继续申请），修改或增加的内容可超出原 PCT 国际申请公布的范围。但是以这种方式进入美国的，需要提交的文件与提出美国正式申请的要求相同，例如，需要提交完整的申请、发明人资格声明（不论国际阶段是否已提交）、优先权文件（不论国际阶段是否已提交）等。虽然该种方式对申请文件的修改范围更大、更为灵活，但办理并提交文件的要求更高，可能导致相关翻译费和国内外代理费等费用的增加。

二、美国专利申请程序简介

专利申请在通过上述途径进入美国专利审查程序后，专利的审查程序具有相当的一致性，大概可以分为下面6个阶段：初审、公布、实质审查、批准或驳回、驳回后的救济程序。与中国不同的是，在美国实质审查不需要申请人申请即自动开始，但驳回后的救济程序相对复杂。基本流程如图3-3所示。

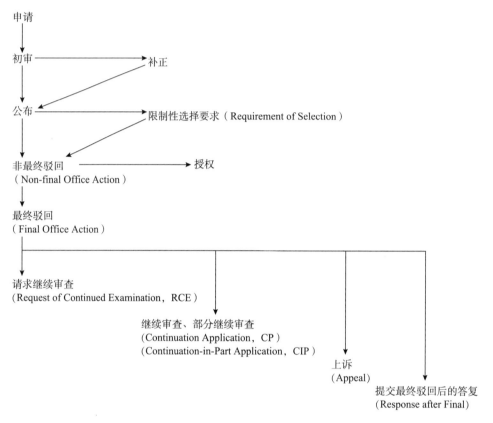

图3-3　美国专利申请流程图

三、美国专利申请特色程序

在美国的专利申请过程中，有7项比较特殊的制度值得中国申请人注意，下面就其简要介绍如下。

1. 临时申请（Provisional Patent Application）

临时申请是为了方便发明人及时就其发明提出专利申请而建立的制度。它并不是一个真正能够获得审查和授权的专利申请，它只是在后申请的一个优先权基础。在提出临时申请后，申请人可以在1年内提出一个相应的非临时专利申请并要求享有临时申请的优先权，也可以在1年内修改申请文件（可选）并补交费用而要求将该临时申请转为非临时申请。

自 2013 年 12 月 18 日起，临时申请只要提供说明书即可建立申请日。在规定的时间内缴纳申请费并提供发明人姓名即可维持临时申请有效。临时申请简便、易行，申请费用较正式申请低，在来不及准备正式申请的情况下，可以考虑在美国递交临时申请以建立优先权。

2. 继续申请（Continuation Application）和部分继续申请（Continuation - in - Part Application）

继续申请是根据一个在先申请提出的另一个申请。说明书相对于母案申请需要保持完全一致，不能包含任何新主题，同时权利要求应当不同于母案申请。继续申请可以享受在先申请的申请日。申请人在正式授权通知发出前的任何时候都可以提出继续申请。继续申请通常是为了引入新的权利要求。例如，当母案申请中的权利要求被全部驳回时，或者当母案申请中的权利要求被要求部分删除以获得专利权时，申请人往往可以通过继续申请的方式，对被驳回或删除的权利要求重新提出或修改后提出，从而获得进一步审查的机会。

当要对母案进行的修改加入了新的超出原始公开的内容时，可以提出部分继续申请。部分继续申请是一个新的专利申请，允许增加母案披露范围之外的新的发明主题，但新增主题的内容只能享有新的申请日。部分继续申请中的权利要求分成两种情况：母案公开内容的权利要求按母案的申请日检索、审查，有关新引入内容的权利要求按部分继续申请的申请日检索、审查。

3. 信息公开声明（Information Disclosure Statement，IDS）

所谓"信息公开声明"是指专利申请人需将自己所知道的所有与其专利申请相关的技术资料向 USPTO 提供，以方便审查的一种制度。按照美国的法律，申请人及实质性参与了申请的人（如专利代理人）都有义务通过递交信息披露声明向 USPTO 提供其已知的可能对申请的专利性构成影响的信息。虽然不需要为递交 IDS 而进行检索，但已知道的可能对申请的专利性构成影响的信息都需要披露。这包括任何载有与此专利所涉及的近似设备的出版物及任何刊印有与该专利实际共用同一技术特征的发明的出版物。任何早于该专利申请日 1 年以上出版的此类刊物都必须被列为在先技术并向 USPTO 提交。此外，在先技术还包括任何早于该专利申请日 1 年以上、由专利发明人以销售为目的、对该专利及相应技术的公开使用及披露，以及早于该专利申请日 1 年以上、由他人在该国对该专利所含技术的使用。如果提交的在先技术不完备，将极有可能导致专利申请的无效或授权专利被视为无法执行。

如果中国申请人在美国之外的其他国家为其申请作了检索或者收到了美国之外的其他国家专利局的审查意见，则有义务将该文件及时提交 USPTO。申请人在提供相关资料时可以声明并不承认该资料是公知技术，以避免审查员直接以该披露的信息作为驳回的依据。

4. 再颁专利（Reissue）

当一件申请已经被授予了专利之后，如果专利权人发现被授权的专利中有可导致专利无法实施或无效的错误时，可以提交请求和修改的申请文件，要求 USPTO 对修改的申请文件进行重新授权。特别值得注意的是，只要修改不超出原始公开的范围，即使修改会使权利要求的范围扩大，仍然有可能被接受。但是扩大权利要求保护范围的重新授权请求，必须在原专利授权后 2 年内提出。而不会导致专利保护范围扩大的请求则不受 2 年时间的限制，只要在专利有效期内均可提出。

再颁专利申请被受理后，对其所进行的审查与普通专利申请相同。就两个专利的效力问题，原专利的效力在再颁专利授权之日终止。但是原专利和再颁专利中实质相同的权利要求的效力可以延续，也就是说，专利权人可以就原专利有效期内发生的侵权行为主张权利。而原专利中和再颁专利中不构成实质相同的权利要求，则被认为不可实施，专利权人不能就再颁专利授权前发生的行为主张权利。

5. 继续审查请求（Request for Continued Examination，RCE）

继续审查请求是指当专利的申请与审查程序结束时，申请人可以在提出继续审查请求并缴纳规定费用后，使申请案可获得继续审查的程序。继续审查请求并不是提出一个新的专利申请，而是原始申请的继续。申请人提出继续审查请求的次数没有限制。

继续审查请求一般是在申请人收到最终驳回决定后，认为通过修改专利文件可以获得授权的情况下提出。如果申请人已经针对最终驳回决定提起上诉（Appeal），但在上诉决定还没有作出前又提出了继续审查请求的，则上诉请求被视为撤回。除此之外，在专利申请被批准但还没缴纳授权费之前，或在专利申请被放弃之前，也都可以提出继续审查请求。

继续审查请求需要提交申请书，此外，一般多会提交对说明书和权利要求等的修改、信息公开声明（如需要）、可支持其具有专利性的新证据等，但需要注意的是，提出继续审查请求时不能引入原始申请未公开的主题。

6. 优先审查（Prioritized Examination）

根据规定，USPTO 在一个财政年度中仅接受 1 万件优先审查请求，其中包括第一优先审查请求和 RCE 优先审查请求。从官方网站上公布的数据来看，该政策从 2011 年 9 月 26 日起实行至今，每年接受的请求量均不超过 1 万件。申请人在通过电子系统提交请求的同时可以获知该年度的优先审查请求是否还有名额，如果该年的 1 万件请求已经达标，则系统会自动关闭提交优先审查请求的窗口。

（1）第一优先审查（Track One Prioritized Examination），即根据 C. F. R. 1.102（e）（1）提出的申请的优先审查

根据 C. F. R. 1.102（e）（1）的规定，同时满足以下条件的专利申请有权提交优先审查请求：

① 根据 35 U. S. C. 111（a）提交的非临时申请（包括继续申请、部分继续申请和分案申请）；

② 已经随专利申请提交了根据 37C. F. R. 1.63 或 37C. F. R. 1.64 规定的发明人誓言或发明人声明或 37C. F. R. 1.53（f）（3）规定的申请数据表；

③ 独立权利要求不超过 4 项，全部权利要求不超过 30 项，且不包含多项引用的权利要求；

④ 2011 年 9 月 26 日后提交的申请。

符合上述要求的申请人可以且只能通过 EFS – Web 在线提交优先审查请求，并且需要付清下述费用，包括基本申请费、检索费、审查费（第一优先审查）、处理费（大实体 140 美元、小实体（Small Entity）70 美元、微实体（Micro Entity）35 美元）和优先审查请求费（大实体 4000 美元、小实体 2000 美元、微实体 1000 美元）❶，若上述费用在优先审查请求提出时尚未付清，则优先审查请求无效。需要注意的是，根据 35 U. S. C. 371 进入美国国家阶段的申请不符合上述要求，不能提出第一优先审查请求。

此外，在提交优先审查请求时需提交全部所需文件，如有遗漏，必须在当天以后以补文件的形式提交，否则优先审查请求有可能被视为无效。详细的优先审查请求流程及所需文件可参考 USPTO 的提交指南❷。

（2）RCE 优先审查（PE – RCE），即根据 C. F. R. 1. 102（e）（2）提出的基于 RCE 的优先审查

申请人需基于已经提交的 RCE 请求，在提交 RCE 请求的同时或在 USPTO 发出关于 RCE 的第一次通知之前，根据 C. F. R. 1. 102（e）（2）提出优先审查要求，且需满足独立权利要求不超过 4 项，全部权利要求不超过 30 项，且不包含多项引用的权利要求。符合上述要求的申请人可以且只能通过 EFS – Web 在线提交针对 RCE 的优先审查请求。

与第一优先审查一样，RCE 优先审查请求同样需要缴纳处理费（大实体 140 美元、小实体 70 美元、微实体 35 美元）和优先审查请求费（大实体 4000 美元、小实体 2000 美元、微实体 1000 美元）。

7. 加速审查（Accelerated Examination，AE）

符合加速审查请求的申请要求以及所需文件可以参见 USPTO 于 2014 年 5 月 20 日更新的《加速审查申请指南》❸。除了涉及环境质量、能源或反恐主题的申请，加速审查申请还需要缴纳 140 美元的请求费（小实体 70 美元，微实体 35 美元）。

与优先审查类似，加速审查的目的也在于将专利申请从提交到最终处置的审查时间缩短至 12 个月内。但相比优先审查（较少的文件与形式要求），加速审查要求该专利申请必须经过检索并提供包括 IDS 在内的加速审查支持文件（AESD），且对需要提交的文件有更多的形式和内容要求。

从审查时间来看，相较于加速审查，第一优先审查的费用虽然看起来较高，但其对于缩短审查时间更为有效，且总费用未必会比加速审查的费用更高。

有研究结果显示❹：从申请日到授权所需的时间，第一优先审查的时间最短，需要

---

❶ 详见表 3 – 1。

❷ [EB/OL]. [2016 – 09 – 28]. http：//www. uspto. gov/patents/init_ events/track – 1 – quickstart – guide. pdf.

❸ [EB/OL]. [2016 – 09 – 28]. http：//www. uspto. gov/patents/process/file/accelerated/ae_ guidelines_ 20140520. pdf.

❹ [EB/OL]. [2016 – 09 – 28]. http：//patentlyo. com/patent/2012/12/expediting – prosecution. html.

184 天；而加速审查需要 317 天；PPH 则需要 565 天。同时，通过对少量样本的研究得到，采取第一优先审查途径获得授权的专利平均收到 1.2 个审查意见，而加速审查平均为 1.7 个，PPH 平均为 1.3 个，通过其他途径平均为 2.7 个。从花费上看，根据美国知识产权法联盟（American Intellectual Property Law Association，AIPLA）2011 年的统计结果❶，平均一个审查意见申请人的支出大约为 2086 美元。以普通申请人为例，第一优先审查的总费用大约为 2086 × 1.2 + 4140 = 6643.2 美元；而优先审查的总费用大约为 2086 × 1.7 + 140 + 3500❷ = 7186.2 美元。令人意外的是，第一优先审查不仅能够更快速地获得授权，相比其他的加速审查的方法，似乎还不是那么昂贵，如果申请人还满足小实体或微实体的条件，则可以在更大程度上节省一些费用。

第二节　美国专利申请费用

一、美国专利申请官费

（1）根据 2014 年 1 月 1 日生效的官费表，在申请阶段主要涉及的官费如表 3–1❸所示。

表 3–1　美国专利申请主要官费一览表　　　　　　单位：美元

专利申请费用			
费用名称	大实体	小实体	微实体
基本申请费——发明专利	280.00	140.00	70.00
基本申请费——发明专利（小实体的电子申请）		70.00	
基本申请费——外观专利	180.00	90.00	45.00
基本申请费——外观专利（继续审查申请❹）	180.00	90.00	45.00
基本申请费——植物专利	180.00	90.00	45.00
临时申请申请费	260.00	130.00	65.00
基本申请费——再颁专利	280.00	140.00	70.00
基本申请费——再颁专利（继续审查申请）	280.00	140.00	70.00
额外费——过期申请费、检索费、审查费或誓言或声明	140.00	70.00	35.00
额外费——过期临时申请费或封面	60.00	30.00	15.00
超过 3 项的独立权利要求	420.00	210.00	105.00

❶ [EB/OL]. [2016–09–28]. http://www.buigarcia.com/docs/AIPLA–PPH（HHB）.pdf.
❷ 3500 美元为检索费和其他支持文件的准备费用。
❸ [EB/OL]. [2016–09–28]. http://www.uspto.gov/web/offices/ac/qs/ope/fee031913.htm.
❹ Continued Prosecution Application（CPA）.

续表

专利申请费用			
费用名称	大实体	小实体	微实体
再颁专利超过3项的独立权利要求	420.00	210.00	105.00
超过20项的权利要求	80.00	40.00	20.00
再颁专利超过20项的权利要求	80.00	40.00	20.00
多项从属权利要求	780.00	390.00	195.00
发明专利申请超页费——超过100页，每50页	400.00	200.00	100.00
外观专利申请超页费——超过100页，每50页	400.00	200.00	100.00
植物专利申请超页费——超过100页，每50页	400.00	200.00	100.00
再颁专利申请超页费——超过100页，每50页	400.00	200.00	100.00
临时申请超页费——超过100页，每50页	400.00	200.00	100.00
非电子申请费——发明（纸质申请额外费）	400.00	200.00	200.00
非英文翻译费	140.00	70.00	35.00
专利检索费用			
费用名称	大实体	小实体	微实体
发明专利检索费	600.00	300.00	150.00
外观专利检索费	120.00	60.00	30.00
植物专利检索费	380.00	190.00	95.00
再颁专利检索费	600.00	300.00	150.00
专利审查费用			
费用名称	大实体	小实体	微实体
发明专利审查费	720.00	360.00	180.00
外观专利审查费	460.00	230.00	115.00
植物专利审查费	580.00	290.00	145.00
再颁专利审查费	2160.00	1080.00	540.00
专利授权后费用			
费用名称	大实体	小实体	微实体
发明专利颁证费	960.00	480.00	240.00
再颁专利颁证费	960.00	480.00	240.00
外观专利颁证费	560.00	280.00	140.00
植物专利颁证费	760.00	380.00	190.00
早期、自愿或正常公开的公开费	0.00	0.00	0.00
再公开的公开费	300.00	300.00	300.00

续表

专利延期费			
费用名称	大实体	小实体	微实体
延长答复期不超过第 1 个月	200.00	100.00	50.00
延长答复期不超过第 2 个月	600.00	300.00	150.00
延长答复期不超过第 3 个月	1400.00	700.00	350.00
延长答复期不超过第 4 个月	2200.00	1100.00	550.00
延长答复期不超过第 5 个月	3000.00	1500.00	750.00
专利维持费（年费）			
费用名称	大实体	小实体	微实体
第 3 年半缴纳	1600.00	800.00	400.00
第 7 年半缴纳	3600.00	1800.00	900.00
第 11 年半缴纳	7400.00	3700.00	1850.00
额外费——第 3 年半且在 6 个月内过期费	160.00	80.00	40.00
额外费——第 7 年半年且在 6 个月内过期费	160.00	80.00	40.00
额外费——第 11 年半年且在 6 个月内过期费	160.00	80.00	40.00
诉讼费——为维持专利有效性的延迟付款	1700.00	850.00	850.00
其他专利费用			
费用名称	大实体	小实体	微实体
优先审查请求费	4000.00	2000.00	1000.00
第一次审查通知后实质的发明人更正	600.00	300.00	150.00
继续审查请求费（RCE）——第一次请求（见 37 C. F. R. 1.114）	1200.00	600.00	300.00
继续审查请求费（RCE）——第二次及以后的请求（见 37 C. F. R. 1.114）	1700.00	850.00	425.00
处理费，临时申请的除外	140.00	70.00	35.00
其他公开处理费	130.00	130.00	130.00
自愿公开或再公开请求费	130.00	130.00	130.00
外观专利申请加速审查请求费	900.00	450.00	225.00
信息公开声明呈交费	180.00	90.00	45.00
由第三方呈交的文件费（见 37 C. F. R. 1.290（f））	180.00	90.00	
临时申请处理费	50.00	50.00	50.00
最终驳回后的呈交费（见 37 C. F. R. 1.129（a））	840.00	420.00	210.00
每个需要审查的额外发明（见 37 C. F. R. 1.129（b））	840.00	420.00	210.00

续表

PCT 国际申请费用——美国国家阶段			
费用名称	大实体	小实体	微实体
基本国家阶段费	280.00	140.00	70.00
国家阶段检索费——USPTO 是国际检索机构或国际初审机构，且所有权项均符合 PCT 第 33 条（1）～（4）	0.00	0.00	0.00
国家阶段检索费——USPTO 是国际检索机构	120.00	60.00	30.00
国家阶段检索费——检索报告提交给 USPTO	480.00	240.00	120.00
国家阶段检索费——其他情况	600.00	300.00	150.00
国家阶段审查费——USPTO 是国际检索机构或国际初审机构，且所有权项均符合 PCT 第 33 条（1）～（4）	0.00	0.00	0.00
国家阶段审查费——其他情况	720.00	360.00	180.00
超过 3 项的独立权利要求，每个	420.00	210.00	105.00
超过 20 项的权利要求，每个	80.00	40.00	20.00
多项从属权利要求	780.00	390.00	195.00
国家阶段进入日之后的检索费、审查费或誓言或声明	140.00	70.00	35.00
优先权日 30 个月后的英文翻译	140.00	70.00	35.00
国家阶段申请超页费——超过 100 页，每 50 页	400.00	200.00	100.00

（2）以发明专利为例，在美申请主要涉及官费如表 3 - 2 所示。

表 3 - 2　美国发明专利的主要官费表　　　　　　　　　　单位：美元

申请阶段	项目	收费标准		
		大实体	小实体	微实体
新申请阶段	发明专利基本申请费	280.00	140.00 70.00（电子申请）	70.00
	发明专利检索费	600.00	300.00	150.00
	发明专利审查费	720.00	360.00	180.00
	信息公开声明呈交费	180.00	90.00	45.00
授权阶段	发明颁证费	960.00	480.00	240.00
年费	第 3 年半缴纳	1600.00	800.00	400.00
	第 7 年半缴纳	3600.00	1800.00	900.00
	第 11 年半缴纳	7400.00	3700.00	1850.00

二、美国代理机构收费

1. 总体介绍

根据 AIPLA2013 年的经济普查报告，在专利申请领域，具体各项法律服务的一般收费情况请参见表 3 - 3。需要说明的是，表 3 - 3 中的费用为一般案件的法律服务费，不涉及特别疑难复杂的案件，也不包括复印、制图等杂费和各类官费。

表 3 - 3　AIPLA2013 年经济普查报告统计的专利申请法律服务费用表　　单位：美元

服务项目	2004 年	2006 年	2008 年	2010 年	2012 年
准备及提交临时申请	3000.00	3500.00	3500.00	3500.00	3500.00
准备及提交申请文件——非常简单	6000.00	6500.00	7000.00	7000.00	6500.00
准备及提交申请文件——相对复杂，生物/化学领域	12000.00	12000.00	12000.00	10500.00	10500.00
准备及提交申请文件——相对复杂，电子/计算机领域	10000.00	10000.00	10000.00	10000.00	10000.00
准备及提交申请文件——相对复杂，机械领域	8000.00	8600.00	9000.00	9000.00	8500.00
修改申请文本及答复审查意见——非常简单	1500.00	1600.00	1850.00	1800.00	1800.00
修改申请文本及答复审查意见——相对复杂，生物/化学领域	3000.00	3000.00	3200.00	3000.00	3000.00
修改申请文本及答复审查意见——相对复杂，电子/计算机领域	2800.00	3000.00	3000.00	3000.00	3000.00
修改申请文本及答复审查意见——相对复杂，机械领域	2500.00	2500.00	2500.00	2500.00	2500.00
上诉（无口审）	3600.00	4000.00	4500.00	4000.00	4000.00
上诉（有口审）	6500.00	6500.00	8000.00	7500.00	7000.00
授权发证	500.00	500.00	500.00	500.00	500.00
缴纳维持费	200.00	200.00	250.00	250.00	250.00
PCT 国际申请进入美国国家阶段	800.00	900.00	1000.00	1000.00	1000.00

注：准备及提交申请文件是指准备及提交普通正式美国专利申请，不包括分案申请、继续申请、部分继续申请、临时申请等。

2. 美国代理机构人员费率及小时数

AIPLA2013 年的经济普查报告还显示，在知识产权领域，律师和代理人的收费大多采用按小时收费的形式。2012 年，在被调查的知识产权律师和专利代理人中大约有72.9% 按小时收费，而只有 23.9% 采用固定收费的形式。不过在个人执业的被调查的知识产权律师和专利代理人中按小时收费的比例下降到 55.7%，采用固定收费的形式的则上升到 38.7%❶。

表 3 - 4 表格提供了不同难易程度的在美专利申请典型案件中，美国代理机构人员费率及小时数，作为个案参考。

表 3 - 4　不同难度在美申请代理费用参考表

申请阶段	人员	费率/美元		小时数	
		范围	平均	范围	平均
新申请阶段	合伙人	720 ~ 625	670	0.5 ~ 1.2	0.7
	代理人/律师	285 ~ 435	340	5.3 ~ 9.9	7.4
	助理	145 ~ 170	156	6.0 ~ 8.7	7.3
实质审查阶段	代理人/律师	375 ~ 460	426	4.5 ~ 7.9	6.1
	助理	145 ~ 180	158	1.1 ~ 6.5	3.1
授权阶段	代理人/律师	435	435	0.1	0.1
	助理	155 ~ 160	157	1.8 ~ 2.2	2.0

通过上述典型案件，外所代理费用和代理人的工作时间与案件的难易程度紧密相关。一般来看，就小时费率来说，被调查律师和代理人每小时的收费一般大约为 350美元/小时；其中私人律所的合伙人收费最高，而个人执业者收费最低❷。外所合伙人的收费为 600 ~ 800 美元/小时，但合伙人一般只在申请的最初阶段参与，而且参与的时间较少。普通代理人或律师的收费为 300 ~ 500 美元/小时，在新申请阶段和实质审查阶段，主要工作大多由普通代理人或律师承担。助理的收费为 150 ~ 200 美元/小时，在新申请和授权两个程序性较多的阶段，助理的参与度较高。

三、总体费用概述

除了上面列出的在一般申请中大多会发生的费用，每件申请中还必然会发生如打字费、复印费、邮寄费以及其他杂费。特别是，每个申请由于自身特点，往往还会产生一些其他费用，如调取并提交优先权文件、优先权文本翻译、对比文件的获取和翻译、转各种 PTO 文件（如专利申请公开通知、新申请所需补正文件等）的费用，权利要求的修改、权利要求过多或专利文本过长时的额外费、补正、时限提醒、延长答复期、答复限制性意见、答复建议书、提交继续审查请求等。

---

❶ AIPLA. Report of the Economic Survey 2013 ［EB/OL］. ［2016 - 09 - 28］. http：//library. constantcontact. com/download/get/file/1109295819134 - 177/AIPLA + 2013 + Survey_ Press_ Summary + pages. pdf.

❷ 同上。

结合上述表格，申请费用的多少主要决定于案件的复杂程度，特别是新申请提交阶段和答复各类审查意见的阶段。如所需翻译文件多，或者属于撰写难度大、需多次实质性答复审查意见、修改权利要求、与审查员电话会晤等疑难复杂的案件，相关费用会大幅增加。相反，如果申请人的国内代理机构对美国专利审查程序比较了解，所准备的申请文件完善、翻译质量高，则在后续程序中无须答复审查意见或仅涉及格式修改即可授权，费用则会减少很多。

第三节　美国专利申请的费用优惠

一、对小实体的官费优惠

根据 USPTO 的规定，就包括基本申请费在内的很多官费，对小实体给予 50% 的减免❶。具体来说，小实体包括三类：自然人（个人发明人）、小型经营企业或非营利组织。

1. 自然人（个人发明人）❷

自然人（个人发明人）是指，没有将其发明所有的任何权利进行转让、授予、让渡或许可，并且也没有法定或合同义务进行上述行为的发明人或其他自然人（例如，发明人将其在发明中的某些权利转让给了该自然人）。如果发明人或其他个人已经将其发明所有的部分权利转让给一方或多方，或有法定或合同义务进行转让，如果受让方均符合小实体的定义，那么该发明人或其他自然人也满足要求。

2. 小型经营企业❸

首先，该小型经营企业没有将其发明所有的任何权利转让、授予、让渡或许可给不符合小实体定义的自然人、企业或组织，并且也没有法定或合同义务进行上述行为。其次，该小型经营企业的雇员（包括其关联企业的雇员）不超过 500 人❹。

要获得小型经营企业身份，申请人应该提交专利申请时声明其小型经营企业身份。在没有可信、相反信息的情况下，USPTO 默认该声明是真实的。但是如果发现任何企图不正当地获取小型经营企业身份，比如欺诈或严重过失，USPTO 将会采取补救性措施❺。

---

❶ Small Entity Compliance Guide – Setting and Adjusting Patent Fees［EB/OL］. (2013 – 01 – 18)［2016 – 09 – 28］. http://www.uspto.gov/aia_ implementation/AC54_ Small_ Entity_ Compliance_ Guide_ Final. pdf.

❷ 37 C. F. R. 1. 27 (a) (1), Manual of Patent Examining Procedure 509. 02 I.

❸ 37 C. F. R. 1. 27 (a) (2), Manual of Patent Examining Procedure 509. 02 II.

❹ 13 C. F. R. 121. 802.

❺ 13 C. F. R. 121. 805.

3. 非营利组织❶

可享受专利费用减免的非营利组织，首先，该非营利组织没有将其发明所有的任何权利转让、授予、让渡或许可给不符合小实体定义的自然人、企业或组织，并且也没有法定或合同义务进行上述行为。下列非营利组织属于满足要求的非营利组织。

（1）位于任何国家的大学或其他高等教育机构。所述"大学或其他高等教育机构"是指：第一，作为常规生源，仅招收具有中等教育毕业证或经认可的同等学历的学生；第二，提供高于中等教育的教育项目并经其所在地合法批准；第三，提供可获得学士学位的教育项目，或者提供不少于 2 年的教育项目并且在申请学士学位时该教育项目能够得到充分认可；第四，是公立的或非营利性的机构；第五，得到全国性认证机构或协会的认证，或得到合法有效的前认证并能够在合理时间内获得认证。上述关于"大学或其他高等教育机构"定义的核心来源于 1965 年《美国高等教育法案》（20 U. S. C. 1000）。因此，严格的研究、生产或服务组织并不属于"其他高等教育机构"，即便上述组织可能也具有一定的教育功能。

（2）满足 1986 年美国国内税收法之 26 U. S. C. 501（c）（3）并依据该法 26 U. S. C. 501（a）免税的组织。此处所指的组织主要包括任何社团、社区福利基金、基金或基金会。其组织和运作应是专门出于宗教、慈善、科学、为公共安全的测试、文学或教育的目的，或是为了资助全国或国际性的业余体育赛事（活动必须完全不涉及体育用品或器材的供应），或是为了预防对儿童或动物的残忍行为。并且净收入完全不得用于任何股东或个人的利益。在绝大多数情况下，其活动的任何实质性部分均不得带有宣传性质或试图影响立法。该组织还不得参与任何与公共职位选举人有关的任何政治阵营。

（3）根据美国各州非营利组织法律（35 U. S. C. 201（i））属于非营利性科学或教育性质的非营利组织。

（4）位于美国之外的非营利组织，如假设设立在美国即能满足上述（2）和（3）的要求，也可以获得非营利组织身份。

4. 小实体不受地域限制

小实体要求减免专利费用时不受所在国家的影响，并不要求该自然人、小型经营企业或非营利组织位于美国境内。上述定义普遍适用于全部《巴黎公约》成员国的申请人，也就是说，中国申请人如果满足上述关于小实体的定义也可以在申请时申明其小实体身份并享受官费减免❷。如果满足上述小实体要求的申请人希望以小实体的身份获得费用减免，申请人只需提交小实体宣誓书一份，由申请人及发明人签名，无须到当地专利主管部门开具证明材料，宣誓即可❸。

---

❶ 37 C. F. R. 1. 27（a）（3），Manual of Patent Examining Procedure 509. 02 III.

❷ Manual of Patent Examining Procedure 509. 02 IV.

❸ 专利检索咨询中心. 世界专利大国推进中小企业知识产权建设的策略分析与研究［R］. 国家知识产权局学术委员会 2010 年度自主课题研究报告：6.

二、对微实体的费用优惠

除小实体外，USPTO 还界定了"微实体"的概念并在很多项目上对其给予 75% 的官费优惠❶。

1. 微实体的定义

如果要享受费用减免优惠，申请人首先应具备上节中所介绍的小实体的资格。此外，还应同时属于下列两类申请人之一。

（1）第一类微实体应同时满足下列三项规定❷

第一，专利申请的申请人、发明人或共同发明人在此前专利申请中被列为发明人或共同发明人的，不超过 4 件。在其他国家提交的申请、临时申请或尚未缴纳基本国家费的国际申请不包括在该 4 件之内。在计算该 4 件之前的申请时，如果此次专利申请的申请人、发明人或共同发明人因其之前的雇佣关系已经将其在之前申请中的全部所有权转让，或者有法定或合同义务进行上述转让，那么该之前申请不应计入❸。

第二，在应缴费用缴费日所在日历年的上一日历年，专利申请的申请人、发明人或共同发明人的总收入（根据 1986 年美国《国内税收法》之 26 U. S. C. 61（a）确定）均不超过该上一日历年中等家庭收入的 3 倍，中等家庭收入根据美国人口调查局（U. S. Census Bureau）的最近报告确定。根据统计报告，2011 年和 2012 年美国中等家庭收入分别为 51324 美元和 51371 美元❹。如果上述专利申请的申请人、发明人或共同发明人的总收入不是以美元计算的，将根据美国国家税务局（Internal Revenue Service）报告中的平均汇率进行换算，然后确认其是否符合要求❺。

第三，专利申请的申请人、发明人或共同发明人没有将其在该申请中的权利转让给总收入不符合第二项中规定的实体，并且也没有法定或合同义务进行上述行为。

（2）第二类微实体应满足下列两项规定中的任一项❻

第一，如果申请人的主要收入来源于其雇主，并且该雇主属于满足 1965 年《美国高等教育法案》之 101（a）节（20 U. S. C. 1001（a））规定的高等教育机构。或者

第二，申请人已经将其在该申请中的权利转让、授予、让渡或许可给上述高等教育机构，或者有法定或合同义务进行上述行为。

2. 微实体身份的获得

如果满足上述微实体要求的申请人希望以微实体的身份获得费用减免，申请人应

---

❶ Small Entity Compliance Guide – Setting and Adjusting Patent Fees［EB/OL］.（2013 – 01 – 18）［2016 – 09 – 28］. http：//www. uspto. gov/aia_ implementation/AC54_ Small_ Entity_ Compliance_ Guide_ Final. pdf.

❷ 37 C. F. R. 1. 29（a）.

❸ 37 C. F. R. 1. 29（b）.

❹ AMANDA NOSS. Household Income：2012 – American Community Survey Briefs［EB/OL］.（2013 – 09）［2016 – 09 – 28］. http：//www. census. gov/prod/2013pubs/acsbr12 – 02. pdf.

❺ 37 C. F. R. 1. 29（c）.

❻ 37 C. F. R. 1. 29（d）.

提交经有效签署的书面证明。一般来说，USPTO 不会对微实体身份证明提出疑问[1]；但任何虚假申报微实体身份的行为都会被视为对 USPTO 的欺诈行为[2]。只有缴费同时提交微实体身份证明，或者在提交微实体身份证明之后缴纳的费用才可以按照微实体享受减免[3]。

3. 微实体身份是个案独立的

微实体身份的确立是基于个案申请而相互独立的。一方面，在一件专利申请中只需要提交一次微实体身份证，一旦身份确立，则在整个审查过程中有效，除非发生申请人不再满足微实体规定的情况。另一方面，在一件专利申请中确立的微实体身份并不会对其他专利申请产生影响，而不论这些专利申请的关系如何。也就是说，如果申请人提交的是母案的分案申请、继续申请、部分继续申请或再颁专利申请，申请人也需要提交新的微实体身份证明[4]。

在审查过程中，如果申请人的身份发生变化，其身份可以进行变更。如果出现从一类身份转换到另一类身份，多缴的费用可以要求退款；但更重要的是少缴的费用应及时补缴，否则可能被认为涉嫌欺骗，会在未来对专利的可执行性产生影响。

第四节　在美国申请时的费用节省策略

一、尽量提交电子申请

电子申请不仅方便快捷，而且可以为申请人节省一部分官费。根据 USPTO 的规定，非电子申请费的发明专利申请需缴纳纸质申请额外费，分别为大实体 400 美元，小实体和微实体 200 美元。就发明专利的基本申请费而言，小实体通过电子申请提交申请的，还可以再减免 70 美元。至于专利的转让、合同或其他文件的登记，如果以电子方式提出，也可以免除每件专利 40 美元的登记费。

二、处理好信息公开声明

中国申请人应注意美国专利制度中独特的信息公开声明制度。如果申请人能够提供较为符合美国专利法律规定的信息公开声明，则可以在申请阶段节省相应的外所代理费。

信息公开声明的提交时机不同也会对费用产生影响。根据美国专利法的规定，在下列第一时间段提交信息公开声明的，不需缴纳官费：①对于非继续申请的普通申请，在申请日起 3 个月内提交；②对于进入国家阶段的国际申请，在进入日起 3 个月内提

---

[1] 37 C. F. R. 1. 29 (h).
[2] 37 C. F. R. 1. 29 (j).
[3] 37 C. F. R. 1. 29 (f).
[4] 37 C. F. R. 1. 29 (e) (h).

交；③在第一次实质性审查意见邮寄前提交；④在提出继续审查请求后，第一次审查意见邮寄前提交❶。在上述第一时间段之后，并且在任何最终审查意见或授权通知邮寄前或其他终结审查程序的情况出现前的第二时间段提交信息公开声明的，应缴纳符合美国专利法相关规定的声明，或者缴纳 180 美元（小实体 90 美元、微实体 45 美元）的官费❷。在上述第二时间段之后，且在缴纳授权费同时或之前的第三时间段提交信息公开声明的，应缴纳符合美国专利法相关规定的声明，并同时缴纳 180 美元（小实体 90 美元、微实体 45 美元）的官费❸。如在收到授权通知书后提交，则有可能需要提交再审申请，进入再审程序，对专利申请进行重新审查。因此，如果能够在第一时间段提交信息公开声明，不仅可以避免额外的官费，而且也会减少因准备声明等产生的代理费。

信息公开声明包括发明人、申请人在申请前和审查过程中所知与申请领域和发明技术相近现有的技术文件；同一申请在其他国家的申请过程中，由其他国家专利局所发审查意见通知书以及审查员核驳申请时所引用的对比文件。其他国家专利局所发审查意见通知书和所引用对比文件在发出之日起 3 个月内提交，无须缴费。否则，需要缴纳 180 美元（小实体 90 美元、微实体 45 美元）的官费。

此外，USPTO 试行信息公开声明快速通道项目（Quick Path Information Disclosure Statement，QPIDS）❹，目前该项目的实施日期为 2012 年 5 月 16 日至 2016 年 9 月 30 日。该项目通过在缴纳颁证费后考虑信息公开声明以减少继续审查请求的数量。根据该项目，审查员将在判断是否重新开始审查前考虑信息公开声明。只有其认为重新审查对于阐明信息公开声明的某项信息十分必要时，才会启动重审。当信息公开声明中的信息不需要重新审查时，专利申请将获得专利证书，由此减少继续审查程序导致的授权迟延和成本增加。参与"信息公开声明快速通道"试行项目的申请必须是已经支付颁证费但尚未获颁发专利证的被授权发明或者再颁申请。该申请必须通过 USPTO 的在线提交系统 EFS – Web 提交❺。

三、合理选择最终驳回通知的后续程序

最终驳回通知通常会在审查员与申请人进行过至少一轮审查意见与答复后，审查员仍认为该申请不能授权的情况下发出。面对最终驳回通知时，申请人可以根据专利申请的重要性以及通知指出的缺陷，选择最适合的途径寻求救济。一般来说申请人可以选择以下 5 种后续程序。

---

❶ 37 C. F. R. 1. 97（b）.

❷ 37 C. F. R. 1. 97（c）.

❸ 37 C. F. R. 1. 97（d）.

❹ [EB/OL]. [2016 – 09 – 28]. http：//www. uspto. gov/patents/init_ events/qpids. jsp.

❺ 李丽娜. 美专商局试行新的"信息公开声明"项目 [EB/OL]. （2012 – 06 – 08）[2016 – 09 – 28]. http：//www. sipo. gov. cn/dtxx/gw/2012/201206/t20120608_ 705286. html.

1. 提交最终驳回后的答复（Response After Final）和/或修改替换页❶

如果申请人坚持认为在不修改申请文件的前提下，该申请依然应当获得授权，则申请人可以针对审查员指出的缺陷仅进行答复。申请人在答复最终驳回通知时还可以同时提交修改文本❷。能够被审查员接受的修改仅限于删除被驳回的权利要求或能够消除驳回基础的修改。然而，如果该权利要求的修改是实质性的而涉及了影响可专利性的新事由，审查员有权因需要进一步的检索而拒绝该修改。

需要指出的是，只有在最终驳回通知发出后的 2 个月内提出上述答辩的，审查员会发出指导意见（Advisory Action），对申请人所提答辩提供意见或修改建议。申请人可以根据指导意见再次提交答辩。虽然答复最终驳回通知并不收官费，在收到指导意见后针对最终驳回通知再次提交答辩意见时，则有可能产生缴纳延期费。

通过提交最终驳回后的答复能够解决的缺陷十分有限，且审查员通常不就审查过程中已经出现过的问题进行重新审查。因此，只有在驳回通知中指出的问题是显而易见不需要克服的，或是审查员在审查过程中出现了纰漏，并且通过答复的说明可以与审查员达成一致意见并最终获得授权通知的情况下，才建议采用提交最终驳回后的答复这一途径争取专利申请的授权。

2. 另行提出继续申请（Continuation Application）❸

在一些申请中，虽然发出了最终驳回通知，但是申请中包含一些具有明确授权前景的权利要求，如果能够将这些可授权的权利要求整合作为继续申请提出，可以使其尽快得到授权。典型的有授权前景的权利要求主要有以下 3 种：①该权利要求已经被审查员认可。因此，此类权利要求无须修改，只要将其包含在继续申请中即可。②审查员在之前的审查意见中认为某些权利要求仅包含形式问题。对这类权利要求，申请人只需要在继续申请中修改该权利要求，克服审查员指出的形式问题。③权利要求是被驳回独立权利要求的从属权利要求，并且如果将该权利要求改写为独立权利要求则有授权前景。在这种情况下，即使保护范围会缩小，申请人也应考虑将该权利要求改写为独立权利要求作为继续申请提交。

继续申请作为一件新申请，必须按照新申请的要求提交说明书、附图等文件，同时需要按照新申请缴纳各项费用，因此花费较高。但是由于此种继续申请往往可以在较短时间内获得授权，如果申请人对获得授权的速度有特殊要求，例如，目前市场上有侵权正在发生，申请人则应该考虑提出继续申请以便尽快得到可以行使的权利。

3. 提出继续审查请求

申请人在收到最终驳回通知时，还有一个选择是依照37 C. F. R. 1.114 提出继续审查请求。继续审查请求并不限于之前发出的审查意见，允许申请人对权利要求进行进一步的修改，并且可以提交新的答辩意见。

---

❶ 37 C. F. R. 1.116.
❷ 37 C. F. R. 1.116（b）.
❸ 37 C. R. F. §1.53（b）.

提出继续审查请求的优势在于其限制极少，并且不限提起继续审查请求的次数。不过值得注意的是，USPTO 为了缩短审查过程、加快核准速度、减少案件积压，大幅调整了继续审查请求的费用。以大实体为例，2013 年 3 月 19 日前的标准，首次继续审查请求费为 930 美元，修改后为 1200 美元；而第二次及以后的继续审查请求费更高达1700 美元，借以促使大部分申请人出于预算的考量选择仅提一次继续审查请求而结束专利申请过程，减少所花费的审查时间和资源。

由于继续审查请求所受限制极少，且有较高可能性为申请人带来较高的时间效益，因此，与前两种途径相比，即使继续审查请求可能会导致新提申请的相关费用，考虑到对申请人权益的保护力度，通常来看还是提起继续审查请求是较佳的选择。

4. 提出上诉（Appeal）❶

作为对最终驳回通知的最后一种救济方式，申请人可以针对审查员做出的最终驳回通知上诉至专利审理与上诉委员会（Patent Trial and Appeal Board）。该上诉程序比较复杂、耗时较长，一般来说，从申请人提出上诉至上诉委员会作出决定通常需要 2～4年甚至更长的时间。此外，根据 USPTO 公布的资料，截至 2013 年 8 月 6 日的统计数据显示❷，通过上诉委员会解决的驳回案件，其中维持驳回决定的占 54%，全部驳回审查员的驳回决定的占 29%，而部分维持（或部分驳回）决定的占 14%。由于上诉花费高，程序时间较长，人力物力消耗较大，因此，申请人通常都不会选择该种救济方式。

5. "后最终审查试点 2.0"项目（After Final Consideration Pilot 2.0，AFCP 2.0）❸

为了减少审查积压、加快审理程序，USPTO 自 2013 年 5 月 19 日至 2016 年 9 月 30日试行了 AFCP 2.0 项目。

AFCP 2.0 允许申请人在收到最终驳回意见后，在不提交继续审查请求的情况下提出权利要求修改请求。如果审查员发现修改后的权利要求能够授权，即接受权利要求修改并发出授权通知（Notice of Allowance）。如果审查员认为修改后的权利要求仍然不能授权，审查员必须联系申请人安排会晤（Interview），告诉申请人他认为无法授权的原因（比如检索中新发现的对比文献），之后申请人可以再进一步修改权利要求并提交继续审查请求。

如果申请人希望利用 AFCP 2.0 项目，则应提交相应的申请表，以及对最终驳回意见的回复，其中包括对至少一项独立权利要求的修改，并且该修改不能扩大权利要求的范围。另外，该申请和回复都必须以电子方式提交。

审查员在收到参与 AFCP 2.0 的申请之后，将对申请的各项要求进行审核，以决定是否同意申请人参与该项目。其中，审查员还将根据权利要求的修改程度对检索和考虑要花费的时间进行估计，如果审查员认为修改过于复杂，以至于 3 小时的时间不足

---

❶ 35 U. S. C. 134 & 1. 191.

❷ Smith J D. Patent Public Advisory Committee Meeting Patent Trial and Appeal Board Update [EB/OL]. (2013 - 08 - 15) [2016 - 09 - 28]. http：//www. uspto. gov/about/advisory/ppac/20130815_ PPAC_ PTAB_ Update. pdf.

❸ [EB/OL]. [2016 - 09 - 28]. http：//www. uspto. gov/patents/init_ events/afcp. jsp.

以完成检索和考虑，审查员将拒绝 AFCP 2.0 申请，并发出指导意见。

AFCP 2.0 申请本身是免费的，但是申请人仍然需要支付其他相关的官费，比如延期费用、额外权利要求费用等。由于对审查员工作时间的限制，AFCP 2.0 项目特别适用于对权利要求只进行简单修改即可授权的情况，可以使申请人不必提出继续审查请求从而减少后续程序，降低申请费用。

四、利用部分继续申请

在申请中，有时候会出现这样的情况，即审查员在第一次审查意见中批准了某几项权利要求，而在此后的审查意见中，依据新发现的对比文件（有时甚至是原先提出过的对比文件），改变了对这些权利要求的决定，此时不仅会大幅度延长审查时间，而且会产生各种费用。在这种情况下，申请人可以考虑终止原先的申请程序，以该案为母案，提出该案的部分继续申请。由于部分继续申请可以增加母案中没有出现过的内容，因此，如果出现上述类似的情况，申请人可以根据对比文件，在母案的基础上增加区别点和具备可专利性的技术特征，提出部分继续申请。

五、降低代理费用

1. 限制权利要求的数量和说明书的长度

根据 USPTO 的规定，超过 3 项的独立权利要求、超过 20 项的权利要求、多项从属权利要求等均会收取额外费用。同时专利申请超过 100 页的，会收取超页费。除额外的官费之外，这也会带来翻译费甚至外方代理律师费的增加。目前，就小实体来说，多项从属权利要求的费用是 390 美元，并且对多项从属权利要求的项数按实际引用的项数计算。举例来说，一个基于其他 5 项权利要求的多项从属权利要求，在计费时被算作 5 个而不是 1 个权利要求。所以多项从属权利要求会导致美国专利申请费用呈指数级增长。事实上，多项从属权利要求多见于欧洲及其他大多数国家、地区的专利申请，因此，建议在撰写此类将在多个国家或地区申请的专利权利要求时，应单独撰写或特别注意修改美国申请的权利要求，尽量避免出现多项从属权利要求，以节省费用。

2. 翻译费用

另外，如前所述，如以提交继续申请或部分继续申请的方式使 PCT 国际申请进入美国，因为美国可以将 PCT 国际申请的申请日作为美国母案的申请日，所以进入美国国家阶段的案子可以继续申请的形式，可以对原申请进行重新撰写，不必纠结于翻译是否精确。而加急的翻译费可能是新申请提交过程中的一大部分，因此，在提交继续申请或部分继续申请的程序中，如果可以不在短时间内提交精确的译文，就有可能避免加急的翻译费用。

第四章

加拿大

　　加拿大的专利制度建立于 1869 年，自 1872 年起，外国人即有权在加拿大申请专利。在加拿大，可申请的专利类型只包括发明专利，没有实用新型专利。外观设计则有专门的外观设计法及相关制度专利。

　　最近 3 年中，加拿大的专利申请量比较稳定，每年请求实质审查的专利数量大约在 3 万件，其中，超过 90% 的申请人来自加拿大以外。就中国申请人来说，2010 年在加拿大的申请量是 247 件，授权量是 57 件；而到了 2012 年，申请量已经上升到 396 件，授权量上升到 119 件，总体上呈逐年上升的趋势。

第一节　加拿大专利申请程序

一、加拿大专利申请程序简介

　　加拿大的专利申请流程与中国发明专利的申请程序比较类似，主要流程简介如图 4－1 所示。

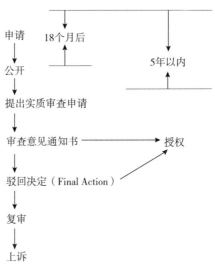

图 4－1　加拿大专利申请流程简图

1. 提交申请

加拿大实行的是先申请制度。为了取得专利权，各国都会要求申请人提交相应符合要求的申请文件以完成专利的申请，并获得申请日。然而，加拿大存在一个比较独特的申请提交制度，申请人在提交符合最少文件要求的文件后即可获得一个较早的申请日（参见本节标题二第一点"最低文件要求与较早申请日"），此后申请人可在规定的时间内补全专利文件并缴纳相关费用❶。

就 PCT 国际申请而言，进入加拿大国家阶段的一般期限是从优先权日开始 30 个月，但是在缴纳进入国家阶段延迟费的条件下，可以从优先权日开始延长至 42 个月。这是加拿大特有的制度，通过利用较长的期限，可以根据同族专利在中国或是其他专利审查较快国家的审查结果，选择是否进入到加拿大国家阶段❷。

另外，在申请加拿大专利时，由于加拿大官方语言是英文和法文，因此申请文件应使用英文或者法文中的一种。

最后，与其他国家不同，加拿大专利法并未对专利申请的权利要求数量规定需要缴纳额外的费用。

2. 申请公开

申请日（有优先权的自优先权日）起 18 个月，发明的内容将被公开。

此外，与美国不同的是，申请人在专利申请正式被受理之后需要按年缴纳维持费，如未按期缴纳，该申请将有被视为撤回的风险。申请人可以选择该费用是每年缴纳或是一次性缴纳多年，具体费用根据维持的年度和是否属于小实体有所不同，可参见本章第二节相关表格。

3. 实审请求

在申请日（有优先权的自优先权日）起 5 年内，申请人需要就该申请提出实审请求并缴纳审查费。期满未提出的，该申请视为撤回。

4. 实质审查

在申请人提出实质审查请求后，加拿大知识产权局（Canadian Intellectual Property Office，CIPO）将对申请的可专利性进行实质审查。审查员会在第一次审查意见通知书中告知现有技术的检索结果，并评述该申请存在的缺陷，通常情况下，审查员会在第一次审查意见通知书中针对多个权利要求的缺陷进行评述。针对该审查通知书，申请人可以进行答辩和/或修改申请文件。

审查员认为申请人提交的答辩和/或修改克服了通知书指出的缺陷且不存在其他拒绝理由时，将发出授权决定。在几次审查意见沟通后，审查员认为申请人提交的答辩和/或修改仍然没有克服拒绝理由的，将发出驳回决定（Final Action）。

---

❶ 加拿大知识产权局 [EB/OL]．[2016 - 09 - 28]．http：//www.cipo.ic.gc.ca/eic/site/cipointernet - internet-topic.nsf/eng/wr01413.html．

❷ 日本贸易振兴机构 [EB/OL]．（2011 - 03）[2016 - 09 - 28]．http：//www.jetro.go.jp/jfile/report/07000704/report.pdf．

针对该驳回决定，申请人还有一次提交答辩和/或修改的机会❶。如果审查员认为该答辩和/或修改能够克服驳回决定中指出的缺陷并符合加拿大专利法的授权条件，审查员将通知申请人该驳回决定已被撤回，同时发出授权通知书。如果审查员认为驳回决定中的缺陷仍未克服，该申请的审查将被转到专利上诉委员会（Patent Appeal Board）进行复审。

5. 复审

与美国专利申请不同，一个加拿大专利申请在收到了审查员发出的驳回决定之后，不论申请人是否对该驳回决定作出答复，该申请将被自动转到专利上诉委员会进行复审。专利上诉委员会将建议申请人提出口头审理（Hearing）申请，并根据申请人的申请举行口头审理并对驳回决定进行全面审理❷。

专利上诉委员会在对驳回的申请进行审理后，作出以下 3 种决定：

（1）认为该专利申请仍不具有可专利性，维持驳回该申请；

（2）认为驳回决定缺乏依据，将该专利申请发回实审；

（3）认为该专利申请依照加拿大专利法进行相应的修改后即可获得专利，将给予申请人 3 个月的期限对该申请文件进行相应修改，若申请人的修改不符合要求，该申请仍然会被维持驳回。

6. 上诉

申请人在不服专利上诉委员会作出的不利于自己的复审决定时，可以向联邦法院审判庭（Federal Court Trial Division）提起上诉，要求撤销上述复审决定，授予专利权。对于联邦法院审判庭作出的不利于自己的判决，可以向联邦上诉法庭（Federal Court of Appeal）直至加拿大最高法院（Supreme Court of Canada）提起上诉。

二、加拿大专利申请特色程序

1. 最低文件要求与较早申请日

如前所述，申请人可以在提交了下述文件后获得一个较早的申请日❸：

（1）专利申请的书面请求书；

（2）英文或法文的描述该发明内容的文件；

（3）申请人姓名/名称和地址；

（4）申请人的代理机构名称和地址（如委托代理机构）；

（5）申请费及签署的小实体申请（如适用）。

一旦申请人选择了提交最少申请文件，就必须在申请日或优先权日后的 15 个月内提交完整的申请文件，包括但不限于说明书摘要、权利要求、附图以及专利代理人姓名或法定代表人姓名。需要注意的是，如申请人与发明人不同，则必须提交法定代表

---

❶ 30（4），Patent Rules，MOPOP 21.03.

❷ 30（6），Patent Rules，MOPOP 21.05.

❸ [EB/OL]. [2016 – 09 – 28]. http：// www. cipo. ic. gc. ca/eic/site/cipointernet – internetopic. nsf/eng/wr01413. html.

证明（Declaration of Legal Representative），以证明该发明为"职务发明"且公司有权作为申请人提交该专利申请。此外，一旦审查员认为申请人提交的文件并未达到最少申请文件的要求，并指出了需要克服的缺陷后，申请人在指定的期限内并未提交相应的文件，审查员将会发出补正通知（Requisition），允许申请人在 3 个月内提交完整的文件并缴纳文件补全费（Completion Fee）。因此，为避免因提交文件不符合规定而造成申请日的延后或是申请费用的增加，申请人应尽量选择优质的代理机构代为申请。

2. 加快审查

申请人在申请日（有优先权的自优先权日）起 5 年内必须向 CIPO 提出实质审查请求，并缴纳审查费用。CIPO 依据申请人提出审查要求之日为基准排队来审查专利申请。根据领域的不同，CIPO 目前有 1 ~ 3 年的积压待审查的专利申请❶，其中生物技术 21 个月，电学 30 个月，机械 18 个月，有机化学 18 个月，普通化学 18 个月。

在某些适当情况下，申请人可以要求 CIPO 加快专利申请的审查。如果使用得当，有可能将等待第一次审查意见通知书的时间减少到 2 ~ 3 个月。能够获得加快审查的方式有以下两种，需要注意的是获得加快审查的申请必须是已经公开的申请。

（1）根据专利法细则第 28（1）（a）条的加速审查

根据加拿大专利法细则（Patent Rules）第 28（1）（a）条，在不加快审查，申请人的权利可能受到损害的情况下，申请人可以要求 CIPO 加快审查专利申请。与美国的早期审查制度相比，加拿大审查制度不需要提交现有技术资料、不需要描述基于现有技术的专利性，程序上比较容易进行申请。请求加快审查的文件包括加快审查申请书和声明书（说明需要早期审查的理由），申请人需要缴纳加快审查请求费。如果申请时该专利申请尚未提出实质审查请求，还应同时提交实审请求，并缴纳实质审查请求费用；如果申请时该专利申请尚未公开，还应再提交早期公开请求。

（2）根据专利法细则第 28（1）（b）条"绿色技术"的加速审查

加拿大专利法第 28（1）（b）条于 2011 年 3 月 3 日生效，提供了一个额外的机制，以加快审查有关所谓的"绿色技术"的专利申请。在这项新的规则下，申请人可以向 CIPO 提交书面请求，说明该申请的技术有助于解决或减轻对环境的影响或保存自然环境和资源。目前，该请求不需要支付任何额外的官费。

3. 再颁专利（Reissue）

与美国专利制度中的再颁专利类似，加拿大专利制度也有相似的再颁专利，即当一件申请已经被授予了专利之后，如果专利权人发现被授权的专利中有可导致专利无法实施或无效的错误时，可以提交请求和修改的申请文件，在缴纳一定费用后，请求 CIPO 对其修改的申请文件进行重新授权。需要注意的是可以申请再颁专利的错误不包括欺诈或是故意隐瞒。与美国不同的是，在加拿大，专利权人提出重新授权申请须在

---

❶　[EB/OL].［2016 - 09 - 28］. http：//www. cipo. ic. gc. ca/eic/site/cipointernet - internetopic. nsf/eng/h_wr02948. html.

原专利授权后 4 年内提出，只要修改不超出原始公开的范围，即使修改会使权利要求的范围扩大，仍然有可能被接受。

第二节　加拿大专利申请费用

一、加拿大专利申请官费❶

1. 流程官费

表 4 - 1 所示为 CIPO 公布的官费收费标准一览表。

表 4 - 1　CIPO 公布的官费收费标准

				加元	人民币❷
新申请阶段	项目 1	申请费		小实体：200.00	1152.76
				标准实体：400.00	2305.52
	项目 2	申请文件补全费		200.00	1152.76
	项目 3	提实质审查费	已有国际检索	小实体：100.00	576.38
				标准实体：200.00	1152.76
			其他情况	小实体：400.00	2305.52
				标准实体：800.00	4611.04
	项目 4	加快审查费		500.00	2881.90
	项目 5	提交修改文件费		400.00	2305.52
	项目 6	完成费（授权费；1989 年 10 月 1 日以后提交的申请）	基本费用	小实体：150.00	864.57
				标准实体：300.00	1729.14
			附加费（说明书和附图超过 100 页后每页），每页	6.00	34.58

---

❶　加拿大知识产权局［EB/OL］．［2016 - 09 - 28］．http：//www.cipo.ic.gc.ca/eic/site/cipointernet - interne-topic.nsf/eng/wr00142.html．

❷　按 2014 年 7 月 1 日加元对人民币汇率中间价 100 加元 = 576.38 元人民币计算，下同。

续表

				加元	人民币
新申请阶段	项目6	完成费（授权费；1989年10月1日以前提交的申请）	基本费用	小实体：350.00	2017.33
				标准实体：700.00	4034.66
			附加费（说明书和附图超过100页后每页），每页	4.00	23.05
	项目7	视撤恢复费		200.00	1152.76
	项目8	权利丧失恢复费		200.00	1152.76
	项目10	PCT国际申请国家阶段基本国家费		小实体：200.00	1152.76
				标准实体：400.00	2305.52
	项目11	PCT国际申请进入国家阶段延迟费		200.00	1152.76
授权后阶段	项目12	再颁费		1600.00	9222.08
	项目13	声明费		100.00	576.38
规费	项目19	笔误修改请求费		200.00	1152.76
	项目22	延期请求费		200.00	1152.76
	项目22.1	滞纳金		大于50元的未缴费用的50%	大于288.19元的未缴费用的50%

2. 维持费官费

加拿大法律规定，在专利申请授权前，申请人应从第3年起逐年缴纳维持费。相关的维持费官费金额如表4-2所示。

表4-2　加拿大专利申请维持费官费表

项目30　维持费	加元	人民币	加元	人民币
年数	小实体		标准实体	
第3年	50.00	288.19	100.00	576.38
第4年	50.00	288.19	100.00	576.38
第5年	50.00	288.19	100.00	576.38
第6年	100.00	576.38	200.00	1152.76
第7年	100.00	576.38	200.00	1152.76
第8年	100.00	576.38	200.00	1152.76

项目30	维持费	加元	人民币	加元	人民币
年数		小实体		标准实体	
第9年		100.00	576.38	200.00	1152.76
第10年		100.00	576.38	200.00	1152.76
第11年		125.00	720.47	250.00	1440.95
第12年		125.00	720.47	250.00	1440.95
第13年		125.00	720.47	250.00	1440.95
第14年		125.00	720.47	250.00	1440.95
第15年		125.00	720.47	250.00	1440.95
第16年		225.00	1296.85	450.00	2593.71
第17年		225.00	1296.85	450.00	2593.71
第18年		225.00	1296.85	450.00	2593.71
第19年		225.00	1296.85	450.00	2593.71
第20年		225.00	1296.85	450.00	2593.71

3. 加拿大专利年费官费

根据加拿大专利官费表，1989年10月1日之前提交的并在之后授权的专利官费与1989年10月1日之后提交的专利申请授权后官费标准不同。表4-3所示为1989年10月1日之后提交的加拿大专利申请授权后的官费收费标准。

表4-3 加拿大专利年费官费表

项目31	年费（1989年10月1日之后提交的申请）							
	年费				年费（包括滞纳金）			
年数	小实体		标准实体		小实体		标准实体	
	加元	人民币	加元	人民币	加元	人民币	加元	人民币
第3年	50.00	288.19	100.00	576.38	250.00	1440.95	300.00	1729.14
第4年	50.00	288.19	100.00	576.38	250.00	1440.95	300.00	1729.14
第5年	50.00	288.19	100.00	576.38	250.00	1440.95	300.00	1729.14
第6年	100.00	576.38	200.00	1152.76	300.00	1729.14	400.00	2305.52
第7年	100.00	576.38	200.00	1152.76	300.00	1729.14	400.00	2305.52
第8年	100.00	576.38	200.00	1152.76	300.00	1729.14	400.00	2305.52
第9年	100.00	576.38	200.00	1152.76	300.00	1729.14	400.00	2305.52
第10年	100.00	576.38	200.00	1152.76	300.00	1729.14	400.00	2305.52

项目31	年费（1989 年 10 月 1 日之后提交的申请）							
	年费				年费（包括滞纳金）			
年数	小实体		标准实体		小实体		标准实体	
	加元	人民币	加元	人民币	加元	人民币	加元	人民币
第 11 年	125.00	720.47	250.00	1440.95	325.00	1873.235	450.00	2593.71
第 12 年	125.00	720.47	250.00	1440.95	325.00	1873.23	450.00	2593.71
第 13 年	125.00	720.47	250.00	1440.95	325.00	1873.23	450.00	2593.71
第 14 年	125.00	720.47	250.00	1440.95	325.00	1873.23	450.00	2593.71
第 15 年	125.00	720.47	250.00	1440.95	325.00	1873.23	450.00	2593.71
第 16 年	225.00	1296.85	450.00	2593.71	425.00	2449.61	650.00	3746.47
第 17 年	225.00	1296.85	450.00	2593.71	425.00	2449.61	650.00	3746.47
第 18 年	225.00	1296.85	450.00	2593.71	425.00	2449.61	650.00	3746.47
第 19 年	225.00	1296.85	450.00	2593.71	425.00	2449.61	650.00	3746.47
第 20 年	225.00	1296.85	450.00	2593.71	425.00	2449.61	650.00	3746.47

4. 以发明专利为例，在加拿大申请主要涉及官费

根据上述各表中显示的费用，一般来说，一件普通加拿大专利申请可能涉及的常见官费如表4-4所示。另外，由于加拿大专利审查较慢，大部分专利申请还需缴纳1~3年不等的维持费。

表 4-4　在加拿大申请专利的主要官费统计表

阶段	官费内容	官费金额			
		小实体		标准实体	
		加元	人民币	加元	人民币
新申请阶段	申请费或 PCT 基本国家费	200.00	1152.76	400.00	2305.52
实质审查阶段	实审请求费	400.00	2305.52	800.00	4611.04
授权阶段	完成费	150.00	864.57	300.00	1729.14

二、加拿大代理机构收费

根据掌握的数据，在申请过程中，加拿大代理机构收取的代理费主要项目如表4-5所示。

表 4-5 加拿大代理机构收费情况　　　　　　　　　　　单位：美元

申请阶段	代理费内容	代理费金额			
		最低	最高	中位数	平均
新申请阶段	准备和提交新申请（含 PCT 国际申请进入国家阶段）	976.0	3297.9	1380.0	1565.5
实质审查阶段	提出实审请求	400.0	613.1	426.6	459.9
	转达和答复审查通知（每次）	740.0	2128.0	1121.2	1190.3
授权阶段	转达授权通知、缴纳完成费、转达专利证书	165.0	822.3	450.0	433.5

对表 4-5 所示代理费用区间差异的进一步分析后可以看出，在审查意见的答复过程中，往往存在国内代理机构和国外代理机构合作的情况。此时，国内、国外的代理机构都会开具账单。国内代理机构的收费标准往往只是国外代理机构的几分之一。如果聘请优秀的国内代理机构，能够提供高质量的审查意见答复，那么由于分析和答复审查意见的实质性工作均由国内代理机构完成，可以大幅度降低国外代理机构的收费，相比主要依靠国外代理机构更为节省费用。在表 4-5 "转达和答复审查通知（每次）"一栏中，如果加入国内代理机构的收费则相应费用分别为：最低 67.7 美元、最高 2617.7 美元、中位数 1147.9 美元、平均 1162.3 美元。

此外，代理机构的规模也会影响收费情况。一般来说，中小型代理机构的收费低于大型代理机构。表 4-6 与表 4-7 是加拿大两家中小代理机构给出的报价单，可以作为个案进行参考。

甲代理机构（专利代理人 4 人）❶：

表 4-6 加拿大某 A 中小型代理机构报价表　　　　　　　单位：美元

申请阶段	项　　目	代理费金额
新申请阶段	准备并提交简易申请	1000~3500
	准备并提交正式申请（基于之前提交的简易申请）	750~1500
	准备并提交正式申请	2000~5000
实质审查阶段	答复审查意见（审查意见主要涉及形式缺陷，不涉及现有技术）	300~1000
	答复审查意见（审查意见主要涉及现有技术）	1000~2000

乙代理机构（专利代理人 1 人）❷：

---

❶ [EB/OL]. (2013-12-30) [2016-09-28]. http：//www. adeco. com/patent-costs.
❷ [EB/OL]. (2013-12-30) [2016-09-28]. http：//miltonsip. com/schedule-of-fees/.

表 4 – 7　加拿大某 B 中小型代理机构报价表

单位：美元

申请阶段	项　目	代理费金额
新申请阶段	提交新申请/PCT 国际申请进国家阶段	700
实质审查阶段	提实审请求	300
	提加快审查请求（含提实审）	700
	转达审查意见	最低 250
	答复审查意见（建议、草拟、提交等）	最低 750（按实际小时数收取）
授权阶段	转达授权通知、缴纳授权相关费用、核对并转达授权专利	625
其他	维持费	150（付款并同时指示）200（其他）
	PPH 全程（核实申请人资格、核对并修改权利要求、申请 PPH、请求审查、缴纳授权费、转达授权、核对并转达授权专利）	2425

第三节　加拿大专利申请的费用优惠

根据加拿大专利法的规定，小实体可以享有一定的官费优惠。2007 年 6 月 2 日，加拿大对专利法中的小实体问题进行了修改，现就修改后的小实体定义和相关申请程序的简介如下。

一、"小实体"的界定

根据加拿大专利法，"小实体"包括两类——大学或者小型企业。大学不受成员数额的限制，而小型企业是指雇员不超过 50 名的实体，但在下述两种情况下，该小型企业不属于小实体的范围：

（1）该小型企业实体是直接或间接控制于雇员超过 50 名的除大学以外的实体；或者

（2）已经将该专利申请的任何权利转让或者许可给雇员超过 50 名的除大学以外的实体，或者该相关实体有确定的义务将其就该专利申请的权利转让给雇员超过 50 名的除大学以外的实体❶。

就是否构成小实体的判断时间点，如果是非 PCT 国际申请的普通申请，按照该专利申请的申请日判断申请人是否符合小实体的规定。如果是进入加拿大国家阶段的 PCT 国际申请，或者基于该 PCT 国际申请的专利申请，则按照其满足进入国家阶段的

---

❶　3.01（3），Patent Rules.

相关规定的进入日判断申请人是否符合小实体的规定❶。

二、小实体声明的内容和形式要求

如果需要小实体声明,那么如果专利还处于申请阶段尚未授权,则应由授权联系人提交;如果已经授权,则应由专利权人提交。小实体声明可以作为专利申请的一部分,也可以作为一份单独文件的另行提交。声明的主要内容为申请人或专利权人有理由相信其符合法律关于小实体的规定,有资格享受相关减免政策。该声明应由专利申请人或专利权人或受其委托的专利代理人签字❷。

从时间上讲,如果希望获得实质审查请求费的减免,小实体声明应在提交实审的期限届满前提出❸。如果希望获得完成费(Final Fee)的减免,小实体声明应在缴纳授权费的期限届满前提出❹。在国际申请进入加拿大时如果希望获得基本国家费的减免,小实体声明应在进入国家阶段的期限届满前提出❺。如果希望获得维持费或年费的减免,小实体声明应在相应费用的缴费期届满前提出❻。

三、小实体的更正与费用补缴

对于 2007 年 6 月 2 日之后申报小实体资格并缴纳相关费用的,如果日后申请人发现错误,可以申请更正补缴的只限于实审费、PCT 基本国家费、维持费和年费❼。并且更正补缴的申请人必须满足下列两个条件:第一,申请人在申报小实体资格并缴纳相关费用时必须是善意的;第二,申请人必须在认识到错误时毫不延迟地申请更正。

四、相关风险

除了上述允许的更正与补缴外,申请人无法对其错误作出的声明进行补救。更为严重的是:如果错误地声称符合小实体要求,在专利申请过程中被发现后,可能因未依法缴纳费用而导致无法获得授权;如果在专利授权后被发现,这一错误则可以作为专利无效的理由。

特别值得注意的是,虽然加拿大专利法中规定了"小实体"的定义,但是并没有明确的进一步详细解释。一些模糊的问题(例如"雇员"是否包括兼职员工、关联企业雇员,"确定义务"的范围,以及涉及更正时对"善意""毫不延迟"等概念的确定)还有待司法判例的进一步明确。考虑到小实体声明所能节约的费用和一旦错误声明带来的风险,一般来说,对于含有上述模糊因素的申请人,不建议申请适用小实体的官费减免。

---

❶ 3.01 (2),Patent Rules.
❷ 3.01 (1),Patent Rules.
❸ 3 (3),Patent Rules.
❹ 3 (4),Patent Rules.
❺ 3 (5),Patent Rules.
❻ 3 (6),(7),Patent Rules.
❼ 26 (3),Patent Rules.

第五章

欧洲专利局

2013 年是中国和欧盟建立全面战略伙伴关系 10 周年。自建立全面战略伙伴关系以来，中欧贸易额逐年增长，欧盟连续 9 年是中国最大贸易伙伴，中国连续 10 年是欧盟第二大贸易伙伴。随着中国企业进军欧洲市场，中国申请人在欧洲专利局（European Patent Office，EPO）的申请量也逐年上升，以华为、中兴为代表的中国企业已在海外专利申请中崭露头角。根据 2013 年 3 月 EPO 公开的消息，中兴以 1184 件欧洲专利的申请量跃升至欧洲专利申请排行榜第 10 名，成为首次上榜前十的中国企业。根据 WIPO 最新的统计数据❶，2009 年中国申请人在 EPO 提交专利申请 1631 件，2010 年中国申请人在 EPO 提交专利申请 2049 件，2011 年中国申请人在 EPO 提交专利申请 2548 件，2012 年中国申请人在 EPO 提交专利申请 3733 件。在激烈的全球市场竞争形势下，培养出一批具有创新思维和能力的生力军，更好地保护拥有自主知识产权中国企业的利益，助其开拓海外市场，刻不容缓。

第一节　欧洲专利申请程序

1978 年，根据《欧洲专利条约》（European Patent Convention，EPC），EPO 成立❷。总部设在德国慕尼黑，全面负责欧洲专利（EP）的检索、审查、授权等业务；并在柏林、海牙和维也纳设有分支机构❸。作为欧洲的专利审查、授权机构的 EPO，目前拥有 38 个成员国，2 个延伸国❹。

EPO 是一个地区性的国家间的专利组织，只对欧洲国家开放，提供通过统一程序授予欧洲专利的法律框架。根据 EPC，在欧洲申请专利只需要通过一个单一程序、一种语言（法文、德文或英文）、一次申请即可。一旦专利获得授权，专利权人必须在法

---

❶　[EB/OL]．（2013 - 12 - 30）．http：//ipstatsdb. wipo. org/ipstatv2/ipstats/patentsSearch.

❷　Art. 4 EPC.

❸　Art. 6 - 7 EPC.

❹　[EB/OL]．（2013 - 12 - 30）．http：//www. epo. org/about - us/organisation/member - states. html.

律规定的 3 个月内向他希望获得专利保护的所有 EPO 缔约国办理生效手续。一项欧洲专利申请最终可以在多达 38 个国家生效，极大地简化了欧洲专利保护机制，也为进行欧洲专利保护提供了极大的方便。另外，作为延伸国，波黑和黑山也承认欧洲专利在其国内的效力。2015 年 3 月 1 日起及 2015 年 11 月 1 日起提交的欧洲专利申请也可以分别在摩洛哥和摩尔多瓦发生效力。表 5 - 1 为目前欧洲专利组织成员国及延伸国列表。

表 5 - 1 欧洲专利组织成员国及延伸国

38 个成员国	2 个延伸国
阿尔巴尼亚（AL）、奥地利（AT）、比利时（BE）、保加利亚（BG）、瑞士（CH）、塞浦路斯（CY）、捷克（CZ）、德国（DE）、丹麦（DK）、爱沙尼亚（EE）、西班牙（ES）、芬兰（FI）、法国（FR）、英国（GB）、希腊（GR）、克罗地亚（HR）、匈牙利（HU）、爱尔兰（IE）、冰岛（IS）、意大利（IT）、列支敦士登（LI）、立陶宛（LT）、卢森堡（LU）、拉脱维亚（LV）、摩纳哥（MC）、马其顿（MK）、马耳他（MT）、荷兰（NL）、挪威（NO）、波兰（PL）、葡萄牙（PT）、罗马尼亚（RO）、塞尔维亚（RS）、瑞典（SE）、斯洛文尼亚（SI）、斯洛伐克（SK）、圣马力诺（SM）和土耳其（TR）	波黑（BA）、黑山（ME）

一、专利申请进入 EPO 的 3 种途径

图 5 - 1 直观地展示了目前专利申请进入 EPO 的集中途径，包括下列 3 种方式。

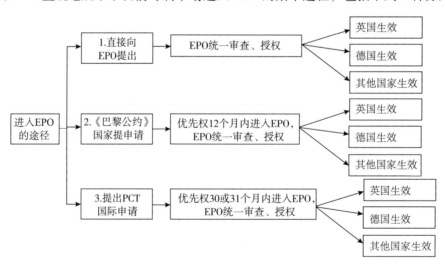

图 5 - 1 专利申请进入 EPO 的 3 种途径

1. 直接向 EPO 提交申请

申请人直接在 EPO 提交一个申请。一旦获得 EPO 的授权，便可向希望获得专利保护的 EPO 成员国办理生效手续。

2. 通过《巴黎公约》进入 EPO

申请人在《巴黎公约》国家提出发明专利申请后，可以该申请作为优先权，在发明专利的优先权日起 12 个月内向 EPO 提出申请。

提出优先权请求的期限可以延长到在先申请日的 16 个月内，但仍需自在先申请日起 12 个月内提交欧洲专利申请❶。

一旦获得 EPO 的授权，便可向希望获得专利保护的 EPO 成员国办理生效手续。

3. 通过 PCT 途径进入 EPO

先向 PCT 组织提交申请，在优先权日起的 30 个月或 31 个月内，办理进入 EPO 程序，在获得 EPO 的授权后，可在希望获得专利保护的成员国办理生效手续。该途径适用于所有的 EPO 成员国和非 EPO 的 PCT 成员国。

二、EPO 专利申请程序简介

EPO 采用"早期公开、延迟审查"的方式，仅对发明提供专利保护，从申请到授权大约需要 3~5 年。欧洲专利权的有效期自申请日起算 20 年。欧洲专利申请的具体流程包括：

1. 提出申请

申请人可以英文、法文和德文这 3 种官方语言之一向 EPO 提出申请。申请文件所包括的内容与中国专利申请文件一致：请求书、说明书、权利要求书、说明书摘要、说明书附图、摘要附图和委托书等。

在提交新申请时，必须提出检索请求；同时，指定 EPO 体系成员国，目前是申请人需要缴纳一笔固定费用全部指定所有 EPO 体系的国家（延伸国除外）。

提出申请后 1 个月左右，EPO 会发出受理通知书。如果是电子提交，申请人会立即收到电子收据，EPO 不再发出受理通知书。现在多采用电子申请的形式。

2. EPO 检索

EPO 通常对与申请的专利性有关的现有技术文件进行检索。当申请人接到此检索报告时，通常需要根据检索结果来评估其发明的专利性和获得授权的可能性。

现行欧洲专利法下，如果一个 PCT 国际申请是 EPO 做出的国际检索报告，那么不管该 PCT 国际申请进入欧洲国家阶段时申请人有没有主动修改，EPO 都不会再进行检索。当然，主动修改受 EPC 细则第 137（5）条的限制，即不能修改到未被检索的主题上。国际检索报告（International Search Report，ISR）将自动被认为是欧洲检索报告（European Search Report，ESR），EPO 一般不会再复制并再次公布 ISR。

EPO 发出的补充欧洲检索报告，指的是相对于国际检索报告来说的"补充"。现行欧洲专利法（从 2010 年 4 月 1 日起）下，对补充检索报告的答复变为强制性的，即申

---

❶　[EB/OL]．（2013 - 12 - 30）．http：//www.sipo.gov.cn/wxfw/mfzljzyjspx/mfpxkj/201203/P020120331515748034702.pdf.

请人需要对补充检索报告进行答复。

3. 公布专利申请

EPO 将于自优先权日（申请日）起 18 个月内公布专利申请，并希望检索报告能在公布之前做出，以便申请人能作出是否继续申请程序的选择。

欧洲（英国）专利申请可在中国香港特别行政区获得注册。在欧洲进行的专利申请，也称指定专利申请，由指定局公开后 6 个月内，申请人应当向中国香港特别行政区知识产权署提出记录请求。在提出记录请求时，申请人需提交一份已公开的指定专利申请的副本并缴纳记录请求费及广告费，费用约为 550 美元。

继上一阶段记录请求后，在指定专利申请被指定局批准公告 6 个月内，申请人应当向中国香港特别行政区知识产权署提出注册与批予请求。在提出注册与批予请求时，申请人需提交已公告的该指定专利申请的证明副本并缴纳注册与批予请求费及广告费，费用约为 550 美元。中国香港特别行政区知识产权署进行形式审查完毕后，该申请即被批准并作为标准专利在中国香港特别行政区获得自指定专利申请日起 20 年的保护。

4. 提出实质审查请求和实质审查

申请人应在申请同时或在 EPO 的检索报告公布日起 6 个月或 2 个月内提出实质审查请求。如果欧洲补充检索报告附有书面意见需要答复的话，提实质审查的期限是 6 个月；如果仅为检索报告，没有需要答复的书面意见，则提实质审查的期限为 2 个月；这两种情况均自检索报告发出后，以 EPO 一份单独指定答复期限的官方发文日起算（通常在检索报告发出后半个月左右的时间发出）。

5. 实审程序

通常在提出实质审查后 1 ~ 3 年内收到 EPO 的审查意见。在答复审查意见时，申请人通常是根据审查员的意见进行辩驳或修改申请文件，还有机会参加在 EPO 举行的"会晤程序"。当申请被驳回时，申请人还有权向 EPO 的上诉委员会进行上诉。

6. 欧洲专利授权

当审查通过后，EPO 将发出授权通知书。申请人接受授权文本、缴纳授权费并递交权利要求的其他两个语种的翻译译文，申请进入授权程序。

7. 在欧洲成员国生效

在收到授权通知后，申请人就应该开始考虑在指定国名单中选择生效国，通知 EPO 该专利在哪些国家生效。

一般欧洲成员国要求在授权公告起 3 个月内完成翻译工作并在各国生效。

公告后 9 个月内是异议期，向 EPO 提出异议请求。

8. 缴纳年费

完成在不同国家的生效工作后，申请人则拥有不同国家的专利，它们相互独立，每一项都需要每年向各国专利局缴纳年费。

图 5 - 2 简要地展示了欧洲专利申请的主要流程。

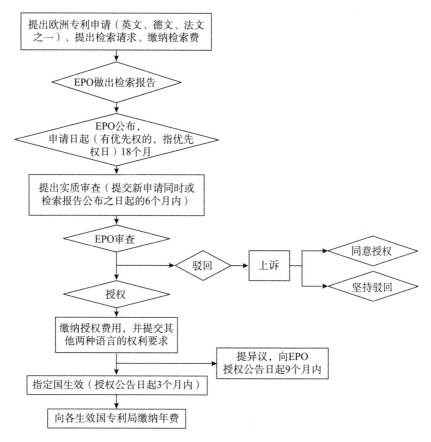

图 5 – 2 欧洲专利申请流程图

三、欧洲专利申请特色程序

1. 欧洲专利申请特色程序——加快审查程序❶

EPO 提供欧洲专利申请加快审查程序（Programme for Accelerated prosecution of European patent applications，PACE），申请人可利用该程序尽快获得欧洲专利申请的专利权。提起 PACE 请求应通过填写官方指定的 EPO Form 1005 表格的方式在网上进行提交。如未按照前述要求使用指定表格，官方将不会处理此 PACE 请求。该加快程序无须缴纳官费。

EPO 的 PACE 程序始于 1996 年，于 2001 年进行了第一次修订，于 2015 年进行了第二次修订，新修订的程序从 2016 年 1 月 1 日起正式生效实施。❷ 目前，申请人可在检索阶段或审查阶段申请 PACE，每个申请在每个阶段只有一次申请采用 PACE 加快的

──────────

❶　［EB/OL］. ［2016 – 09 – 27］. http：//www. epo. org/applying/international/guide – for – applicants/html/e/ga_ e_ i_ 9. html.

❷　［EB/OL］. ［2016 – 09 – 27］. http：//www. epo. org/law – practice/legal – texts/official – journal/2015/11/ a93/2015 – a93. pdf.

机会。

申请人最终能否采取 PACE 途径要取决于实际的检索以及审查部门的工作量。对于某些技术而言，EPO 会对提出的 PACE 请求的次数有所限制。

（1）在检索阶段利用 PACE 加速

申请人递交申请时或缴纳检索费用时可请求在检索阶段利用 PACE 加速。

对于申请日不早于 2014 年 7 月 1 日的欧洲发明专利申请（包括进入欧洲阶段、而国际检索单位不是 EPO 的 PCT 国际申请），申请人无须单独在检索阶段提起 PACE 请求。这是因为，基于 2014 年 7 月开始实施的 ECFS（Early Certainty from Search）项目，EPO 将主动争取在提交申请之日起 6 个月，或自优先权日起 18 个月内发出欧洲检索报告。

对于申请日早于 2014 年 7 月 1 日的欧洲发明专利申请（包括进入欧洲阶段、而国际检索单位不是 EPO 的 PCT 申请），EPO 将努力在收到 PACE 请求的 6 个月内发出检索报告。

无论申请人是否要求优先权，只有在申请文件足够完整、可以供 EPO 撰写扩展检索报告的情况下，才可以根据 PACE 的规定进行加速检索。在出现诸如可能需要参考之前的申请、需要随后提交部分说明书或附图，或者需要随后提交权利要求书等申请文件存在遗漏或补交的情况，抑或需要援引在先申请等，就不可能使用 PACE 进行加速。

如果欧洲专利申请收到依据 EPC 细则第 62a 条或第 63 条的通知，那么，只有 EPO 收到申请人对该通知的回复或上述答复时限到期后，审查员才有可能撰写检索报告和意见，即只有在相应通知被答复或期限届满后才可以根据 PACE 加速。

（2）在审查阶段利用 PACE 加速

对于直接提交的欧洲专利申请，原则上申请人可以在专利申请进入审查部门后的任何时候以书面形式请求加快审查。然而，为了提高效率，申请人最好在提交欧洲专利申请时，同时要求加快审查；或者是在收到扩展检索报告、申请人对检索意见进行回复时，一起提出加快审查请求。

对于通过 PCT 途径提交的欧洲专利申请（Euro-PCT）而言，原则上申请人也可以在任何时候以书面形式请求加快审查。然而，为了尽可能地高效，最好在专利申请进入到欧洲阶段时，或者和对在 EPC 细则 161（1）下请求的世界知识产权组织—国际检索机关（World Intellectual Property Organization – International Search Authority，WO – ISA）、国际初步审查报告（International Preliminary Examination Report，IPER）或补充国际检索报告（Supplementary International Search Report，SISR）的回复一起提交。

当加快审查请求被提起时，EPO 将尽可能在审查部门接收该申请之日（或收到申请人针对欧洲检索报告的答复之日，或收到申请人提起加快审查请求之日，期限计算时以前述三者中最晚的时间点为准）起 3 个月内发出下一份官方通知。在审查阶段的后续程序中，如果加快审查请求仍然有效，EPO 后续也将尽力争取在收到申请人答复之日起 3 个月内发出随后的审查意见通知书。

（3）对 PACE 的特别注意

对每一个欧洲专利申请而言，PACE 请求应当在检索和审查阶段分别提起，且在每一阶段只能提起一次。此项规定意味着，在检索阶段提起 PACE 请求可以产生加快检索的效果，但却并不会导致审查的加快。在审查阶段的 PACE 请求只能在审查部门开始负责处理此欧洲发明专利申请的情况下才可以被有效提起。

一旦采用了 PACE，则之后 EPO 指定的任何期限都不允许延长。若请求延长期限，PACE 效力即自动丧失。

PACE 请求被排除在可公开查询的文件范围之外，EPO 也不会自行将其公开。一件专利申请请求 PACE 后，申请人可以通过 EPO 客户服务了解相关申请状态。

只要 PACE 请求的效力没有消失，新修订的 PACE 自 2016 年 1 月 1 日起对所有的在审案件有效。

2. 欧洲专利申请特色程序——Waiver（放弃）程序❶

EPO 的 Waiver 程序是除 PACE 外，另一种加快授权的方式，它通过放弃审查过程中的答复修改的权利而加快审查进程。申请人需要注意的是，Waiver 程序与 PACE 不同，需要分开提交。

（1）可放弃的范围

Waiver 程序可以放弃的权利包括 3 种：EPC 细则 70（2）的权利；EPC 细则 161 和 162 的权利；EPC 细则 71（3）的权利。通过放弃上述 3 种权利，申请人可以加快审查进程。

（2）加快程度

① Waiver EPC 细则 70（2）的权利

根据 EPC 细则 70（2）规定，EPO 做出检索报告后，申请人在 6 个月内有权进行答复和修改，再请求进入审查程序。在收到检索报告前，申请人可以放弃这一权利，无条件请求进入审查程序，这样 EPO 会同时做出检索报告和第一次审查意见通知书。

② Waiver EPC 细则 161 和 162 的权利

根据 EPC 细则 161 和 162 的规定，对于进入欧洲阶段的 PCT 申请，申请人在 6 个月内有权对国际检索报告或国际初步审查报告进行答复，EPO 将根据这一期限内最后一次的修改进行专利检索和审查。申请人可以使用 Form 1200 第 6.4 项放弃这一权利，也可以提交放弃声明，采用如下写法："申请人放弃 EPC 细则 161（1）或（2）和 162 赋予的答复修改的权利。"

申请人也可以在收到基于 EPC 细则 161 和 162 的通知书后，对通知书进行答复，同时提交立即启动检索和审查程序的请求，采用如下写法："申请人请求立即开始审查程序，放弃 EPC 细则 161（1）或（2）和 162 赋予的 6 个月中剩余期限的权利。"

---

❶ ［EB/OL］. ［2016 - 09 - 27］. http：//www.epo.org/law - practice/legal - texts/official - journal/2015/11/a94.html.

③ Waiver EPC 细则 71 (3) 的权利

根据 EPC 细则 71 (3) 的规定, 对于将要授权的专利申请, EPO 将发出准备授权通知书, 申请人在 4 个月内确认修改文本, 缴纳相关费用, 提交翻译文件。申请人可以放弃修改文本的权利, 提前缴费和提交翻译文件。

第二节 欧洲专利申请费用

一、欧洲专利申请官费

根据 2012 年 4 月 1 日开始生效的官费表, 结合欧洲专利申请的程序列出在申请阶段主要涉及的官费如表 5 – 2❶ 所示。

表 5 – 2 2012 年 4 月起欧洲专利申请主要官费一览表

费用名称	欧元	人民币❷
申请费 (电子提交)	115	968.69
申请费 (纸件提交)	200	1684.68
检索费	1165	9813.26
指定费 (全部指定)	555	4674.99
实质审查费 (2005.07.01 之后提交)	1555	13098.39
实质审查费 (2005.07.01 之后提交的 PCT 国际申请, 无 EPO 出具的补充检索报告)	1730	14572.48
申请文件超出 35 页附加费	14/页	117.93 /页
第 16 ~ 50 项权利要求附加费	225/项	1895.27 /项
第 51 项及之后的权利要求附加费	555/项	4674.99 /项
授权费	875	7370.48
第 3 年维持费	445	3748.41
第 4 年维持费	555	4674.99
第 5 年维持费	775	6528.14
第 6 年维持费	995	8381.28
第 7 年维持费	1105	9307.86
第 8 年维持费	1215	10234.43
第 9 年维持费	1325	11161.01
第 10 年维持费 (第 10 ~ 20 年均相同)	1495	12592.98

❶ [EB/OL]. [2013 – 12 – 30]. http: //documents. epo. org/projects/babylon/eponet. nsf/0/6925584FF2F2E81 AC12579BF003CF727/ $ File/schedule_ of_ fees_ and_ expenses_ 20120401. pdf.

❷ 按 2014 年 7 月 1 日欧元对人民币汇率中间价 100 欧元 = 842.34 元人民币计算, 下同。

EPO 一般每 2 年调整一次官费标准，根据 EPO 的最新决定，从 2014 年 4 月 1 日起，部分官费又有所上调❶，上调官费的主要项目如表 5 -3 所示。

表 5 -3　2014 年 4 月起欧洲专利申请主要官费一览表

费用名称	欧元	人民币
申请费（电子提交）	120	1010.81
申请费（纸件提交）	210	1768.91
检索费	1285	10824.07
指定费（全部指定）	580	4885.57
实质审查费（2005.07.01 之后提交）	1620	13645.91
实质审查费（2005.07.01 之后提交的 PCT 国际申请，无 EPO 出具的补充检索报告）	1805	15204.24
申请文件超出 35 页附加费	15/页	126.35 /页
第 16 ~50 项权利要求附加费	235/项	1979.50 /项
第 51 项及之后的权利要求附加费	580/项	4885.57 /项
授权费	915	7707.41
第 3 年维持费	465	3916.88
第 4 年维持费	580	4885.57
第 5 年维持费	810	6822.95
第 6 年维持费	1040	8760.34
第 7 年维持费	1155	9729.03
第 8 年维持费	1265	10655.60
第 9 年维持费	1380	11624.29
第 10 年维持费（第 10 ~20 年均相同）	1560	13140.50

表 5 -4 为 2016 年 4 月 1 日起，EPO 上调的部分官费，按照 2016 年 9 月 26 日汇率牌价折算。

---

❶　[EB/OL].［2013 - 11 - 22］. http：//www.epo.org/modules/epoweb/acdocument/epoweb2/106/en/CA - 85 -13_ Rev. _ 1_ en. pdf.

表 5-4　2016 年 4 月起欧洲专利申请主要官费一览表

费用名称	欧元	人民币
申请费（电子提交）	120	899.83
申请费（纸件提交）	210	1574.71
检索费	1300	9748.18
指定费（全部指定）	585	4386.68
实质审查费（2005.07.01 之后提交）	1635	12260.21
实质审查费（2005.07.01 之后提交的 PCT 国际申请，无 EPO 出具的补充检索报告）	1825	13684.95
申请文件超出 35 页附加费	15/页	112.48/页
第 16~50 项权利要求附加费	235/项	1762.17/项
第 51 项及之后的权利要求附加费	585/项	4386.68/项
授权费	925	6936.21
第 3 年维持费	470	3524.34
第 4 年维持费	585	4386.68
第 5 年维持费	820	6148.85
第 6 年维持费	1050	7873.53
第 7 年维持费	1165	8735.87
第 8 年维持费	1280	9598.21
第 9 年维持费	1395	10460.55
第 10 年维持费（第 10~20 年均相同）	1575	11810.30

二、欧洲代理机构收费

1. 欧洲代理机构收费统计

根据欧洲代理机构的标准报价，并结合机械、电子、化学 3 个领域随机抽取的 87 个专利申请案子的账单，欧洲代理机构的收费情况如表 5-5 所示。

表 5 - 5　欧洲代理机构收费统计表

申请阶段	代理费项目	金额							
		最低/欧元	最低/人民币	最高/欧元	最高/人民币	中位数/英镑	中位数/人民币	平均/欧元	平均/人民币
新申请阶段	准备和提交新申请、请求检索	800	6738.72	1600	13477.44	1050	8844.57	1200	10108.08
	指定费（全部指定）	400	3369.36	500	4211.70	400	3369.36	450	3790.53
	请求审查	250	2105.85	350	2948.19	280	2358.55	300	2527.02
	转达公开文本	100	842.34	200	1684.68	125	1052.93	150	1263.51
	权利要求附加费（第16~50项权利要求）	60	505.40	150	1263.51	90	758.11	105	884.46
	权利要求附加费（第51项权利要求及以上）	0	0	150	1263.51	60	505.40	75	631.76
	本阶段总费用（不含杂费）	1610	13561.67	2950	24849.03	2050	17267.97	2280	19205.35
实质审查阶段	转达、准备和答复审查意见或其他通知（如发生）	1500	12635.10	2500	21058.50	1800	15162.12	2000	16846.80
	维持费	100	842.34	200	1684.68	150	1263.51	150	1263.51
	本阶段总费用（不含杂费）	1600	13477.44	2700	22743.18	1950	16425.63	2150	18110.31
授权阶段	转达授权通知、转达专利证书、缴纳批印费	400	3369.36	700	5896.38	500	4211.70	550	4632.87
	翻译权利要求	1200	10108.08	1500	12635.10	1290	10866.19	1350	11371.59
	本阶段总费用（不含杂费）	1600	13477.44	2200	18531.48	1790	15077.89	1900	16004.46

2. 欧洲代理机构人员小时率

表 5 - 6 是针对上述 87 个欧洲专利申请案的账单统计作出的欧洲代理机构人员小时率统计。

表 5 - 6　欧洲代理机构人员小时率参考数值列表

申请阶段	人员	小时率			
		范围		平均	
		欧元	人民币	欧元	人民币
新申请阶段、实质审查阶段、授权阶段	合伙人	380 ~ 450	3200 ~ 3790	415	3495.71
	代理人/律师	300 ~ 380	2527 ~ 3200	340	2863.96
	助理	100 ~ 300	842 ~ 2527	200	1684.68

第三节　欧洲专利申请的费用优惠

从第二节的费用表格可以看出，在 EPO 申请专利，是世界上最为昂贵的专利申请之一。为了帮助中国申请人节约费用，有必要了解一些 EPO 的费用退还和减免政策。

一、EPO 有关语言的费用减免政策

在 EPC 成员国有居所或主要营业地的自然人或法人，如官方语言不是英文、法文或德文，在提交欧洲专利申请时，申请费、实审费、异议费、上诉费、撤销费等，享受官费 20% 的减免❶。根据 EPO 的最新决定，欧洲专利申请日在 2014 年 4 月 1 日及之后，或者 PCT 国际申请进入欧洲地区的进入日在 2014 年 4 月 1 日及之后的，该减免比例上升至 30%。2016 年该比例没有发生新的变化，该减免政策适用于在 EPC 成员国有居所或主要营业地、官方语言不是英文、法文或德文的中小企业、自然人或非营利机构，大学及公共研究机构。

二、EPO 费用退还与减免政策

1. 实质审查费

根据欧洲专利申请流程，检索报告下发之后，申请人需要递交一份声明 "wish to proceed further"，表示接受审查的意愿，如提交新申请时没有缴纳实质审查费，此时一并缴纳费用。下发检索报告后，如果申请人不提交这份声明，申请将被视为撤回。这种情况下，如提交新申请时已经缴纳实质审查费，可以申请全额退回实质审查费，但是会发生一些外方律师手续费。从 2016 年 7 月 1 日开始，在实质审查开始之前放弃审查的，可以退还 100% 的实质审查费。

2. 关于 PCT 国际申请进入 EPO 之后的补充检索报告

如果在国际阶段是 EPO 做出的检索报告，进入 EPO 时检索费将被免缴；如果国际

---

❶ Art. 14 EPC，R. 6 EPC.

阶段的检索是中国国家知识产权局作出的，根据中国国家知识产权局与 EPO 的互惠政策，欧洲地区阶段的检索费将减免 190 欧元（约合人民币 1600 元）。

在 PCT 国际阶段是由 EPO 以外的检索单位检索的，进入欧洲地区阶段后，要进行补充检索❶，费用即提交新申请时缴纳的检索费。

在 PCT 国际阶段，如果申请人对其他检索单位做出的检索报告不满，可以请求 EPO 做出补充检索报告，单独提请求并缴费。

3. 删除权利要求项

在欧洲专利申请的审查过程中申请人进行主动修改，如删除了权利要求项，相应的权利要求项附加费会被退回。

第四节　在欧洲申请专利时的费用节省策略

一、根据目标市场，选择申请方式

EPO 申请费用昂贵，在提交申请前申请人需考虑根据目标市场决定是否有必要选择欧洲申请，还是提交一两个国家的国家申请？如果只是想进行英国专利申请、德国专利申请、法国专利申请，建议单独向各个国家提出申请，这样快而且便宜，不选择欧洲专利申请。在目标国家超过 3 个时，建议选择欧洲专利申请。

二、注意行文排版，根据费用表合理规划文本

由于欧洲专利申请的某些费用比较昂贵，因此深入研究欧洲法对于专利文本的要求、控制权利要求个数，可有效减低权项附加费；合理排版，则可减低说明书页数附加费。

1. 权利要求方面❷

欧洲专利申请收取昂贵的权利要求附加费，权利要求 1 ~ 15 项免费，16 ~ 50 项，每项附加费为 235 欧元（约合人民币 1979.50 元），从第 51 项权利要求开始，每项附加费为 580 欧元❸（约合人民币 4885.57 元）。因此要尽量将权利要求限制在 15 项之内。减少权利要求的方式有以下两种。

（1）一般一件欧洲专利申请，允许包含一个装置的独立权利要求、一个方法的独立权利要求和一个产品的独立权利要求。尽可能减少独立权利要求的数量，将有助于

---

❶　［EB/OL］.［2013 - 12 - 30］. http：//www. epo. org/law - practice/legal - texts/html/guidelines/e/b_ ii_ 4_ 3_ 2. htm.

❷　［EB/OL］.［2014 - 07 - 01］. http：//www. albrightpatents. co. uk/articles/how - to - save - european - patent - costs/.

❸　此处是按 2014 年 4 月 1 日的 EPO 官费标准。

减少整个权利要求的数量。

（2）EPO 允许多项从属权利要求引用多项从属权利要求，申请人在提交前，可以修改权利要求的引用关系，以充分利用这一许可。

2. 说明书方面

对于整份申请文件，超过 35 页的部分，每页要缴纳 15 欧元❶（约合人民币 126.35 元）。申请文件包括说明书、权利要求书、摘要和附图。虽然通常很难减少申请文件的页数，但是一般减小页边距、缩小段落间距、字体选用 11 号 Times New Roman，这些方式都是可被 EPO 接受的❷。

三、缩短 EPO 的审查时间

1. 欧洲维持费与各国年费的比较

EPO 从第 3 年开始收取维持费，维持费用比较昂贵。同时，如表 5 - 7 所示，EPO 的维持费用远远高于授权后进入各国的年费，并且逐年递增，所以加快 EPO 审查与授权、减少维持费的缴纳，也能大大节省费用。

表 5 - 7　EPO 维持费与英国、德国、法国年费比较表

维持费/年费	EPO 维持费		英国年费		德国年费		法国年费		英国、德国、法国年费加总	
	欧元	人民币	欧元	人民币	欧元	人民币	欧元	人民币	欧元	人民币
第 3 年	465	3916.88	0	0	69	581.21	36	303.24	105	884.46
第 4 年	580	4885.57	0	0	69	581.21	36	303.24	105	884.46
第 5 年	810	6822.95	88	741.26	90	758.11	36	303.24	214	1802.61
第 6 年	1040	8760.34	113	951.84	130	1095.04	72	606.48	315	2653.37
第 7 年	1155	9729.03	138	1162.43	179	1507.79	92	774.95	409	3445.17
第 8 年	1265	10655.60	164	1381.44	239	2013.19	130	1095.04	533	4489.67
第 9 年	1380	11624.29	188	1583.60	289	2434.36	170	1431.98	647	5449.94
第 10 年	1560	13140.50	213	1794.18	349	2939.77	209	1760.49	771	6494.44

2. 加速审查与授权的主要方式

（1）利用 PACE❸ 或 Waiver 程序缩短审查时间，节省审查费用以及 EPO 维持费用。

---

　　❶ 此处是按 2014 年 4 月 1 日的 EPO 官费标准。

　　❷ ［EB/OL］.［2013 - 12 - 30］. http：//www. albrightpatents. co. uk/articles/save - european - international - patent - costs/.

　　❸ 石丹，王勇. 如何尽快从欧洲获得专利授权［EB/OL］.（2012 - 03 - 21）. http：//www. cipnews. com. cn/showArticle. asp？Articleid = 23287.

申请人提交加快审查请求之后，EPO 就会在收到加快审查请求 3 个月内，尽快发出第一次审查意见通知书。这样就可以缩短 EPO 的审查时间。

（2）直接向 EPO 提交申请，而不是通过 PCT 途径，也能提前 EPO 开始审查的时间，从而减少在 EPO 缴纳的维持费，尽快进入各国家的生效阶段。

（3）善于利用主动修改❶。申请人利用主动修改的机会，也可以使申请得到加快审查。在 2010 年 EPC 细则修改之前，申请人除了在收到检索报告和第一次审查意见通知之间，可以主动修改申请文件外，在收到第一次审查意见通知之后还有一次主动修改的机会。而在 EPC 细则修改之后，根据新细则第 161 条的规定，申请人只有在收到检索报告之后有主动修改机会。

（4）申请人还可以向 EPO 提供已知的对比文件，这样审查员可以较快地找到对比文件，减少审查意见通知书的发出次数，也同样可以达到尽快授权的目的。

四、统一委托生效、缴纳年费事宜

由于欧洲专利申请涉及各国生效、缴纳年费的问题，在生效和缴纳年费阶段，有可能发生多笔委托费用，即一开始委托作欧洲专利申请的外方事务所，在欧洲专利授权后，该外方事务所需要委托生效目标国当地的外方事务所进行生效登记事宜。随后，由于欧洲授权专利要在生效国各国逐一缴纳年费，还存在委托各国事务所缴纳年费的后续事宜。国内申请人可以选择较好的策略来减少多笔外方律师费，比如统一委托一家国内代理机构、单独找各国事务所去作生效，年费方面也可以考虑委托年金公司缴纳多国的年费。

第五节　欧洲统一专利体系❷与英国脱欧

欧盟为了促进产业发展和强化外部竞争能力，积极推进欧洲单一市场内的人员、货物、资本和服务的自由流动。由于知识产权特别是专利授权和保护的地域性对货物和服务在欧盟各国的自由流动产生了限制，为了减少这种限制，就有必要建立单一的专利保护制度。加之，现有"欧洲专利"的授权和维持费用仍然偏高，欧盟各国的诉讼制度和判决结果存在差异，使得在各国专利的保护和执法缺乏可预见性，也增加了诉讼成本。这些因素都使得在欧盟范围内建立专利统一保护制度的呼声特别强烈。

一、欧洲统一专利体系简介

1. 概述

2012 年 12 月 11 日欧洲议会投票通过了欧洲统一专利体系草案，该草案包括两部

---

❶ 石丹，王勇．如何尽快从欧洲获得专利授权［EB/OL］．（2012 - 03 - 21）．http：//www. cipnews. com. cn/showArticle. asp？Articleid = 23287.

❷ ［EB/OL］．（2013 - 12 - 31）．http：//www. epo. org/law - practice/unitary/unitary - patent. html.

规则，一部为总规则，一部为新专利适用语言制度。25 个欧盟成员国（不包括意大利和西班牙）加入欧洲统一专利体系，委托 EPO 提供和管理统一专利。意大利于 2015 年 5 月宣布加入欧洲统一专利体系，使其成员国扩充为 26 个。由于意大利是欧洲第四大市场，且曾因不满本国语言未被纳入统一专利的使用语言而拒绝加入，因此，意大利的加入将使统一专利对其他欧洲国家和全球的公司更具吸引力。❶

初期，欧洲统一专利体系预计最早将于 2015 可以开始施行。统一专利的申请可在欧洲统一专利体系和统一专利法院（Unified Patent Court，UPC）的法律规定生效之后提交。2016 年 6 月 23 日，英国举行"去留欧盟"公投，最终主张脱离欧盟的阵营赢得了多数，结果是英国将退出欧盟。英国公投脱欧的结果是欧洲一体化进程的一个重大转折点，使得欧洲统一专利体系的实施时间充满变数。下文会专门介绍英国脱欧对推进欧洲统一专利体系带来的影响。

欧洲统一专利制度就是在所有欧盟国家内实施统一的专利申请和诉讼，包括：使用统一的程序与规则、统一的语言；依照设立 UPC 的国际公约，建立一个统一专利诉讼制度，对专利的侵权和有效性作统一判定。这个 UPC 包括一审和上诉两个审级，拥有处理有关统一专利侵权和有效性问题的专属管辖权。

欧洲统一专利制度将与欧洲各国专利制度和经典欧洲专利制度并存，并与经典欧洲专利共享法律基础和授权程序，只在授权程序后的阶段与经典欧洲专利制度相区别。在统一专利体系下，EPO 将集中管理专利、收取年费并分派给各成员国。统一专利将不再需要在每个单独的国家分别生效（包括翻译）和管理，从而大幅度节省时间和费用。

配套统一专利制度而设立的 UPC，作为特别法院对经典欧洲专利及统一专利的侵权、确权纠纷的一审及上诉享有专属管辖权。2013 年 2 月 19 日，24 个成员国已经签署了《统一专利法院协议》，保加利亚于 2013 年 3 月 5 日批准该协议。该协议从 2014 年 1 月 1 日或者超过 13 个成员国（必须包括法国、德国和英国）批准 4 个月后生效。

2. 语言

欧洲统一专利体系将沿用目前基于 EPO 三门官方语言（英文、法文、德文）的体系，但在目前三门官方语言的基础上尽量消除语言障碍。为此，该体系设置了过渡期。

（1）过渡期（直到机器翻译系统完全可行，最长为 12 年）的两项规定：

① 如果在 EPO 的审批过程中所用语言是英文，则需要将该欧洲专利全文（包括说明书及权利要求书）翻译为另一个欧盟成员国的官方语言；或者

② 如果在 EPO 的审批过程中所用语言是法文或德文，则需要将该欧洲专利全文翻译为英文。

过渡期内，专利权人应当在自授权公告起 1 个月内，向 EPO 请求注册统一保护效力（欧洲统一专利）的同时提交翻译文本。EPO 将负责监控这类翻译文本。

（2）过渡期结束，在欧洲专利授权后，如果专利权人请求了统一专利，则不再要

---

❶ 高飞，韩小非. 欧洲统一专利最新进展及浅析［J］. 中国发明与专利，2016（6）：42 – 44.

求提交人工翻译。由高质量的机器翻译来提供关于该专利的内容信息。

EPO 会公布欧盟全部官方语言的机器翻译文本，但仅起到提供技术信息的目的（不具有法律效力）。

3. 申请费用

欧洲统一专利制度将提供真正的一站式服务，并且削减成本和烦琐的手续。据统计，在欧盟 13 个成员国内部提交 1 件专利申请，平均耗资 1.25 万欧元（约合 10.2 万元人民币），要使欧盟 27 个成员国都承认这件专利，费用将高达 3.2 万欧元（约合 27.2 万元人民币）。根据欧盟委员会介绍，欧洲统一专利体系实现后，专利的申请价格可能从 3.6 万欧元下降至 6400 欧元。经过长达 12 年的过渡期，在此期间，EPO 将会不断完善机器翻译技术，申请专利的成本可能进一步下降到低于 5000 欧元（约合人民币 42550 元）❶。

普遍认为，未来提交欧洲统一专利，可能会在年费和翻译费两方面节省费用。在年费方面，传统的欧洲专利在授权后，要向各生效国逐个缴纳年费，每缴纳一个国家的年费就要向代理机构交付一笔代理费，因此费用高昂。而统一专利为了在 26 个成员国同时生效时更具备吸引力，与同时在 26 个国家生效的费用之和相比，在费用方面作了大幅削减。2015 年 6 月 EPO 的特别委员会通过了一项叫做 "True top 4" 的决议，将统一专利的年费保持在与目前欧洲专利 4 个国家（德国、英国、法国、荷兰）生效的费用相当，使得当生效国较多时，统一专利较传统专利具有更高的性价比。❷ 但就年费的官费部分而言，由于不同行业对国家生效的需求不同，因此是否能节省费用要具体计算。如制药企业要求的生效国家往往涵盖整个欧洲地区，因此采用欧洲统一专利后，极有可能可以节省年费的官费部分；而对于汽车行业来讲，在欧洲境内一般只会选择 3~4 个相关生效国家，可以预期，其年费的官费在欧洲统一专利制度下未必会得到节省。

在翻译费用方面，欧洲统一专利的最终目标是无须提供翻译。但在过渡期内，专利权人最终需要提交一份全文翻译的德文、法文或者英文文本。而根据目前的 EPC 伦敦协议对翻译的规定，欧洲专利授权后，德国、法国、卢森堡、英国和爱尔兰是不需要额外提供翻译文本的；如果说明书为英文，只需翻译权利要求的国家有：拉脱维亚、立陶宛、斯洛文尼亚、丹麦、芬兰、荷兰、瑞典、匈牙利；需要全文翻译的国家有：奥地利、比利时、保加利亚、塞浦路斯、捷克、爱沙尼亚、希腊、马其顿、波兰、罗马尼亚、斯洛伐克。

在这种情况下，欧洲统一专利一旦生效，在一定时期内也可能出现翻译费用反而上涨的情况。例如，如果一个专利在德国、法国、卢森堡、爱尔兰和英国生效，根据现行的 EPC 伦敦协议，无须提交翻译。而在欧洲统一专利的过渡期内，则必须将全文

❶ [EB/OL]. (2013-12-31). http://ec.europa.eu/unitedkingdom/press/press_releases/2011/pr1138_en.htm.

❷ 高飞，韩小非. 欧洲统一专利最新进展及浅析 [J]. 中国发明与专利，2016（6）：42-44.

翻译成一种欧盟语言，因此费用成本反而增加了。在欧洲统一专利过渡期结束后，则恢复不需提供翻译的情况。

当然，更多情况下是采用欧洲统一专利可以适当节约翻译费用。例如，一个专利在德国、法国、卢森堡、英国、爱尔兰、奥地利、意大利、西班牙、荷兰和瑞典生效，在现行制度下，需要全文翻译的国家有奥地利、意大利和西班牙，需要提供权利要求翻译的是荷兰、瑞典；而在欧洲统一专利情形下，需要提供全文译文的是意大利、西班牙和另一欧洲官方语言译文（如申请全文为英文，则需要提供德文或法文全文译文，如申请全文为法文或德文，则需要提供英文全文，但不需要再提供权利要求的荷兰语和瑞典语译文）。这样就至少节省了两套权利要求翻译的费用。

2015 年，美国授予了约 2.98 万项专利❶，中国授予了约 2.63 万项发明专利❷，欧洲只有 6.8 万项❸。欧盟领导人希望统一的专利申请政策可以让投资者感到更具有吸引力，从而帮助欧洲赶上其他的全球竞争对手。

4. 诉讼❹

在欧洲统一专利制度实施后，将设立一个新的 UPC，在法国巴黎、英国伦敦和德国慕尼黑分设三个法庭。统一专利法院提供集中的欧洲专利诉讼论坛，这样可以避免成本高昂的多重司法诉讼。随着统一专利制度的推进，欧盟领导人同意设立一个专门的统一的专利法院处理专利纠纷。主要的法院将设在巴黎，第二个法院将位于伦敦，尤其是药物专利方面，还有一个将设在慕尼黑，处理机械工程申请。

（1）时间表

UPC 将在《统一专利法院协议》经 13 个国家（包括法国、德国和英国）签字生效后开放。截至 2016 年 5 月，已有 10 个国家（包括法国）在《统一专利法院协议》上签字。尽管波兰和捷克共和国曾经表示它们在协议生效前不会签字，但其余国家似乎有充分的政治动机促使该协议生效。德国已经于 2016 年 2 月启动签字程序。

后勤将是决定 UPC 时间表的一个重要因素。部分因素包括：在欧洲不同地点寻找新法院建筑所需的时间、选择和培训法官，以及准备 IT 系统。此外，2015 年 10 月 1 日签署了临时申请协议，以便尽早实施 UPC 的某些部分。

（2）诉讼程序

审判法院将分为 3 个程序阶段：

ⅰ. 书面程序；

ⅱ. 过渡程序；以及

ⅲ. 口头审理。

这 3 个阶段应在 12 ~ 15 个月内完成。

---

❶ ［EB/OL］. ［2016 - 09 - 27］. http：//www. ccpit - patent. com. cn/node/2971.

❷ ［EB/OL］. ［2016 - 09 - 27］. http：//www. sipo. gov. cn/twzb/2015ndzygztjsj/.

❸ ［EB/OL］. ［2016 - 09 - 27］. http：//www. mysipo. com/archiver/tid - 130882. html.

❹ ［EB/OL］. ［2016 - 09 - 27］. http：//mewburn. com/wp - content/uploads/2016/06/The - European - Unified - Patent - Court - UPC - Chinese. pdf.

书面程序将在向法院初次提起诉讼后 6 个月左右开始。通常情况下，向法院初次提起侵权诉讼或无效诉讼后，被告将有 3 个月时间提交抗辩声明（也可以选择无效或侵权反诉）。对反诉进行答辩和/或抗辩的时间限制更短，通常只有 1 个月。

书面程序结束后，三位 UPC 法官的其中一位将与当事方召开临时会议，以确定主要的争议问题、澄清当事方在这些问题中的立场、确定口头审理之前的计划表、确定口头审理日期。

在进行口头审理时，主审法官接管案件。口头审理包括口头辩论、证人和专家听证和质证，以及评审团质证。临时会议和口头审理将对公众开放并予以记录。

上诉程序也包括书面程序、过渡程序和口头审理。上诉人将有 2 个月时间提出书面上诉决定，以及另外 2 个月时间提交上诉理由证实上诉。

（3）诉讼费用

UPC 筹备委员会启动了关于诉讼费用水平的公众咨询，并于 2015 年 7 月 31 日结束。咨询结果建议侵权诉讼收取固定费用 1.1 万欧元，无效诉讼收取固定费用 2 万欧元，还建议价值超过 50 万欧元的案件还应支付额外价值费用。咨询结果提出采用分级费用结构的建议，其中包括相当于案件价值 0.5% ~ 1% 的价值费用。

诉讼价值由报告法官在考虑当事方评估价值的基础上进行判断。报告法官将在过渡程序期间（书面程序结束后，口头审理启动前）要求当事方提供价值评估。

5. 统一专利制度的优势

第一，程序变得更加简便，只需要在 EPO 申请专利，无须向各成员国单独申请，就能在整个欧洲得到保护；

第二，省去经典专利制度对翻译的严格要求，授权后，不用再向各个成员国专利局缴纳年费，申请成本降低了大概 70%；

第三，UPC 的设立，使得申请人在法律层面能够得到更多的确定性，也使得法律决定在整个欧洲范围内有效。另外，将使欧洲专利的保护更有效率，并缓解欧洲各国法庭的不同审判结果及审判速度造成的复杂情况。

以上这些便利和保护同样适用于来欧洲申请专利的外国公司。统一专利制度，进一步简化程序、降低成本，将提升欧洲专利的竞争力，有助于中小企业和发展中国家更为积极地在欧洲获取专利保护。欧盟建立统一的专利制度，对"走出去"的中国企业来说，同样也是一件有益的事情。目前，欧盟是中国重要的贸易伙伴，欧洲统一专利制度建立以后，可以有效降低中国企业在欧盟提交专利申请的成本和专利维持成本，对中国企业开拓欧盟市场、把产品和服务扩展到欧盟十分有利。

二、英国脱欧对统一专利体系的影响❶❷

按照原安排，英国计划在 2016 年签署《统一专利法院协议》，UPC 筹备委员会已

---

❶ [EB/OL]. [2016 - 09 - 27]. http：//mewburn. com/wp - content/uploads/2016/09/Withdrawal - of - the - UK - from - the - EU - Chinese. pdf.

❷ 张伟君. 英国脱欧对知识产权制度的影响 [J]. 中国专利与商标，2016（4）.

经宣布它将尽力"在 2016 年 6 月之前完成筹备工作，预计将在 2017 年年初开放 UPC"。但是，随着英国的脱欧公投出现令人意外的结果，英国是否能继续参加欧洲统一专利体系，尚无定论。

在英国公投脱欧一周后，在 UPC 筹备委员会的第 17 次会议上，UPC 筹备委员会主席和 EPO 处理单一专利的专责委员会为此单独作出了一个声明："英国上周的脱欧公投对于统一专利法院和单一专利保护的未来带来了问题。但在目前阶段，评估这个结果最终会导致怎样的影响，还为时过早。这将在很大程度上取决于接下来数月过程中所作的政治决断。必须指出，英国目前仍然是欧盟成员国，也是《统一专利法院协议》的签署国。筹备委员会主席和专责委员会一致认为：将来各种可能的方案，有待于进一步明晰，但在技术层面既定的工作应继续推进，以便使统一专利法院和单一专利尽早实施。"❶ 2016 年 8 月 2 日，英国知识产权局发布的相关指南也作出类似的声明："英国目前仍然是《统一专利法院协议》的缔约国，据此，我们将继续参加统一专利法院的会议，这并不会有立即的变化。"❷

英国是《统一专利法院协议》的三大强制批准国之一，另外两个国家是法国和德国❸。英国尚未完成批准。英国退出欧盟的决定很可能会推迟，但不会阻止统一专利和统一专利法院的推行。就根本而言，有 3 种推进方法。

第一种可能情况，英国目前依然是欧盟成员国，可能会批准《统一专利法院协议》，促使该体制生效。随后，英国可能会在退出欧盟的同时撤出《统一专利法院协议》。据推测，一审法院中央法庭的伦敦分院可能会迁往某成员国境内，据此可能会参照英国与欧盟之间的最终"脱欧协定"进行对《统一专利法院协议》作出必要修改❹。在"先加入后退出"的情况下，理论上《统一专利法院协议》会在 2017 年开始生效。

第二种可能情况是，英国决不批准《统一专利法院协议》。这种情况下，可能需要修订《统一专利法院协议》，删除需要英国批准这一规定，或其他参与成员国耐心等待英国退出欧盟，届时意大利会自动取代英国成为第三大强制批准国。如此，虽然会有重大推迟，但统一专利及 UPC 可在排除英国的情况下实施。

第三种可能情况是，英国可能批准《统一专利法院协议》，促使该体制生效，随后英国与欧盟之间的最终"脱欧协定"可能会允许英国留在统一专利及 UPC 体制内。这种可能性实施起来存在一些困难，不过只要有实现这一结果的政治意愿，这些困难也是可以克服的。

在上文讨论的第一及第二种可能情况下，英国脱欧会缩窄统一专利的市场覆盖范围。不过，即使没有英国的参与，统一专利和 UPC 都是值得欢迎的发展举措，此举会

❶ Communication from the Chairmen of the UPC Preparatory Committee and the EPO Select Committee Dealing with the Unitary Patent［EB/OL］. ［2016－09－27］. https：//www. unified－patent－court. org/sites/default/files/communication_ from_ the_ chairmen. pdf.
❷ 英国知识产权局：IP and BREXIT：The facts［EB/OL］.（2016－08－02）［2016－09－27］. https：// www. gov. uk/government/news/ip－and－brexit－the－facts.
❸ 《统一专利法院协议》第 89（1）条。
❹ 可能使用《统一专利法院协议》第 87（2）条来修订第 7（2）条。

降低欧洲跨司法权区的专利诉讼成本，并允许专利诉讼以英文进行。

是否会考虑损失英国市场这一因素，从而对统一专利续展费用或 UPC 诉讼费进行调整，还需继续观望。目前，统一专利的拟定年费以"True top 4"方案为基础，该方案假设英国也为参与国。对于在 4 个或更少国家（包括英国）促使欧洲专利生效的公司而言，统一专利的年费安排并不具有吸引力。

第六章

英 国

英国是全世界工业化最早并第一个建立知识产权制度的国家。1624 年《垄断法》问世，标志着英国专利制度的最终形成，也为世界各国现代专利法奠定了基础。此后，英国专利制度经历了一个平稳的发展过程。1852 年颁布《专利法修改法令》，对专利制度彻底改革，制定了发明专利的获得程序，第一次明文规定专利申请必须提交专利说明书，并在规定期限内予以公布。近代英国颁布的专利法是 1949 年专利法和 1977 年专利法。1949 年专利法实施至 1978 年 5 月 31 日；1977 年全面修改专利法，于 1978 年 6 月 1 日生效；2004 年再次修订专利法，一直沿用至今。目前的英国专利法提供更便捷的申请程序，使申请人更容易获得申请日，并以更灵活方式提交申请；允许申请人延迟缴纳申请费；允许已经终止的申请重新恢复申请程序，并给予适当的宽限期；允许专利权转让人或抵押人可不经过英国知识产权局（Intellectual Property Office of UK, UKIPO）而自行与受让人签订合同进行转让等交易。

2013 年，英国已成为中国在欧盟内的第二大贸易伙伴。随着中国企业逐步扩大对英贸易、迅速占领英国市场，中国申请人在 UKIPO 的申请量也一直保持稳定，并有上升的趋势。根据 WIPO 最新的统计数据❶，2009 年中国申请人在英国提交专利申请 110 件，2010 年专利申请量为 118 件，2012 年专利申请量为 159 件。

为了方便中国申请人在英国进行科学的专利布局，在此介绍一下英国专利申请的基本程序以及相关费用。

第一节 英国专利申请程序

一、专利申请进入英国的 4 种途径

图 6 - 1 展示了专利申请进入英国国家阶段的 4 种途径，简要来说包括：

---

❶ [EB/OL]. (2013 - 12 - 31). http://ipstatsdb.wipo.org/ipstatv2/ipstats/patentsSearch.

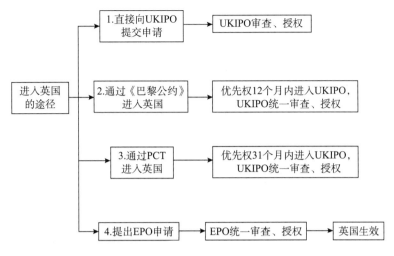

图6-1 专利申请进入英国的途径

1. 直接向 UKIPO 提交申请

直接在 UKIPO 提交一个申请。UKIPO 对发明专利、外观设计专利（又叫新式样专利）提供专利保护，没有实用新型专利。

2. 通过《巴黎公约》进入英国

申请人在《巴黎公约》国家提出发明专利、外观设计专利申请后，可以该申请作为优先权，在发明专利优先权日起 12 月内，外观设计专利申请优先权日起 6 个月内向 UKIPO 提出在后申请。

3. 通过 PCT 途径进入英国

先向 PCT 组织提交申请，在优先权日起的 31 个月内，进入 UKIPO 程序。如果 PCT 国际申请是向中国国家知识产权局提交的，则自动默认为向中国国家知识产权局递交了保密审查请求。

4. 提交 EPO 申请，获得授权后，在英国生效

在 EPO 提交一个申请，一旦获得 EPO 的授权，便可向每一个希望获得专利保护的成员国，包括英国，办理生效手续。

二、英国专利申请的程序❶简介

英国发明专利申请采用"早期公开、延迟审查"的方式，从申请到授权大约需要 2~4.5 年，发明专利权的有效期自申请日起算 20 年。外观设计专利申请，即新样式专利申请采用注册制，审查相对新颖性，有效期自申请日起算 25 年。

下面重点介绍英国发明专利申请的具体程序，流程图见图 6-2。

---

❶ ［EB/OL］．（2013－12－31）．http：//www.ipo.gov.uk/types/patent/p－applying/p－after.htm.

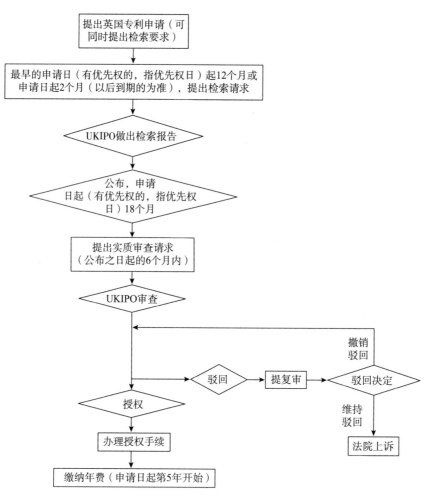

图 6-2　英国发明专利申请流程图

1. 提出申请

英国发明专利申请可以纸件或者电子方式提交申请文件，包括说明书、权利要求书、附图、说明书摘要、请求书（Patent Form 1）等。提交新申请时可以同时提交检索请求。在不同时提交检索请求的情况下，申请人必须在申请日起 12 个月内提交检索请求，以继续该申请。

如果申请人不是发明人，或者只是发明人之一，或者以公司名义作为申请人，则需要提交发明人声明（Statement of Inventorship），写明发明人信息，并且说明申请人有权利申请的理由，如，通过雇佣关系或转让合同方式获得申请权利。发明人声明可以在申请日（有优先权的，指优先权日）起 16 个月内补交。

收到申请后，UKIPO 会在 3 日内发出受理通知书，确认收到申请的日期并给出申请号。UKIPO 还会审查有关国家与公共安全的问题，法定不授予专利权的主题多涉及国防安全❶。目前，一般提交电子申请，UKIPO 会立即发出电子收据。

2. UKIPO 检索❷

最早的申请日（有优先权的，指优先权日）起 12 个月或申请日起 2 个月（以后到期的为准），申请人要提交检索请求。

UKIPO 在收到申请人提交的检索请求之后，将检索已公开的现有技术，以确定该申请是否具有新颖性，或者是显而易见的，并将检索到的文件副本发送给申请人。如果申请的某一处或某几处不符合形式要求，UKIPO 也会向申请人发出通知。从收到申请人的检索请求到得到检索结果，需要 3~4 个月。

3. 公布专利申请

如果专利申请符合英国专利法规定的形式要求，UKIPO 将在申请日（有优先权的，指优先权日）起的 18 个月内予以公布。

英国/欧洲（英国）的专利申请可在中国香港获得注册。英国/欧洲（英国）专利申请，也称指定专利申请，由指定局公开后 6 个月内，申请人应当向中国香港特别行政区知识产权署提出记录请求。提出记录请求时，需提交 1 份已公开的指定专利申请的副本并缴纳记录请求费及广告费，费用约为 550 美元。

继上一阶段记录请求后，在指定专利申请被指定局批准公告 6 个月内，申请人应当向中国香港特别行政区知识产权署提出注册与批予请求。提出注册与批予请求时，需提交已公告的该指定专利申请的证明副本并缴纳注册与批予请求费及广告费，费用约为 550 美元。中国香港特别行政区知识产权署进行形式审查完毕后，该申请即被批准并作为标准专利在中国香港获得自指定专利申请日起 20 年的保护。

4. 提出实质审查请求和实质审查

申请人应在公布日起 6 个月内提出实质审查请求。

在收到申请人的实质审查请求之后，UKIPO 将对申请进行全面、细致的审查，以确定该申请的主题是否是一项发明；该申请的权利要求是否具有新颖性和创造性；该申请的说明书是否清楚、完整，能够使所属技术领域的技术人员实施；权利要求是否清楚、以说明书为依据等。

5. 英国专利授权

经过审查，如果专利申请符合英国专利法的形式和实质要求，UKIPO 将发出授权通知书，进入授权程序。

6. 缴纳年费

授权以后，从申请日的第 5 年起，缴纳年费。第 5 年年费为 70 英镑（约合人民币737.74 元❸），第 20 年年费为 600 英镑（约合人民币 6323.46 元）。

---

❶ Section 22 of the Patents Act.
❷ ［EB/OL］. （2013 - 12 - 31）. http：//www. ipo. gov. uk/types/patent/p - applying/p - after/p - search. htm.
❸ 按 2014 年 7 月 1 日英镑对人民币汇率中间价 100 英镑 = 1053.91 元人民币计算，下同。

三、英国专利申请特色程序

根据 UKIPO 的官方说明，一般来说，英国专利申请从申请日（有优先权的，指优先权日）起 2~4 年获得授权，最长可能持续 4.5 年❶。同时，UKIPO 提供了很多加快审查的程序。申请人还可以享受 UKIPO 独特的要求优先权制度。

1. 检索与审查相结合（Combined Search and Examination，CSE）的方案

一般来说，大部分申请人在收到 UKIPO 作出的检索结果后才提出实审请求，而如果申请人同时提交检索和实审请求，UKIPO 会同时进行检索和审查，发出检索与审查相结合的报告。这就大大提前了实质审查进行的时间，以助于早日获得授权。

申请人无须提供任何理由，只要同时提出检索和实审请求，即可享受此服务。通常，在提出检索和实审请求后的 3 个月内，申请人会收到检索与审查相结合的报告。

2. 加速检索和/或审查

一般情况下，UKIPO 会在收到检索请求的 6 个月内发出检索报告，如果申请人希望更快地得到检索报告（或者检索与审查相结合的报告），可以提出加速检索请求。在提交加速检索请求时，申请人要提供足够的理由，说明为什么该申请可以获得加速检索。申请人尽早提交检索请求也是 UKIPO 同意加速检索的考虑因素之一。较晚才提出检索请求，往往不利于申请人加速检索的请求获得批准。

申请人还可以提出加速审查请求。同样，申请人要提供足够的理由，说明为什么该申请可以获得加速审查。申请人可在任何时候提出加速审查请求，即便是在该申请被检索之前。如果提出加速审查请求，该申请还未被检索，申请人可以提出加速检索与审查相结合的请求。

如果 UKIPO 同意加速检索、审查或者检索与审查相结合的请求，审查员会与申请人联系安排发出检索、审查或检索与审查相结合的报告的时间表。如果审查或检索与审查相结合得到加快，申请人在后续程序中也要尽快提交答复，以显示希望尽快授权的愿望。对于批准加速审查中 90% 的案子，UKIPO 争取在 2 个月内发出实质审查报告。

加速检索/审查有两点理由：一是发明关于"绿色"技术❷；二是对于其他技术领域的发明，UKIPO 会根据个案的实际情况来决定是否加速，比如，申请人意识到有潜在侵权人，申请人希望加速授权来说服投资者，申请人希望通过 PPH 在其他专利局使用 UKIPO 授权的结果，对于进入英国的 PCT 国际申请，该申请在国际阶段的初审报告或检索报告的书面意见已经给出比较正面的审查意见等。在这些情况下，UKIPO 一般有可能同意加速请求。

对于批准加速处理的申请，申请人最好在明显的位置标明"Urgent – Accelerated Processing Requested"，以便 UKIPO 的相关人员注意到该申请的状况，在各个环节都加速处理。如果申请人采取请求检索与审查相结合的方案、请求提前公开，并且及时答

---

❶ [EB/OL]. (2013 – 12 – 31). http：//www.ipo.gov.uk/types/patent/p – applying/p – after.htm.

❷ [EB/OL]. (2013 – 12 – 31). http：//www.ipo.gov.uk/types/patent/p – applying/p – after/p – green.htm.

复审查报告，该申请最快有可能在申请日起 9 个月内获得授权❶。图 6－3 展示了英国发明专利申请的加快程序。

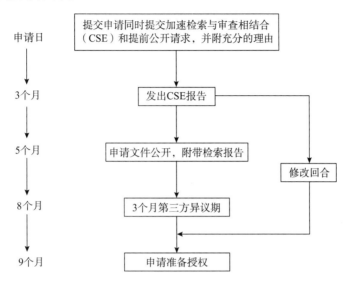

图 6－3　英国专利申请加速审查程序图

3. 提前公开

大部分申请都在申请日（有优先权的，指优先权日）起的 18 个月公开。为了加速授权，申请人可以提出提前公开请求。如果检索工作已经完成，UKIPO 会在收到提前公开请求的 6 周内，公布申请。

4. 要求优先权

增加优先权（Late Claim）❷：如果已经提交新申请，申请日在优先权日的 12 个月内，但提交时并未要求优先权，可以在优先权日起的 16 个月内，要求增加优先权。

恢复优先权（Late Declaration）❸：在在先申请日的 14 个月内，可以提交新申请同时要求在先申请作为优先权基础。

第二节　英国发明专利申请费用

一、英国专利申请官费

根据 2011 年 4 月最新生效的官费表，结合英国发明专利申请的程序，在申请阶段

❶　［EB/OL］.（2013－12－31）. http：//www. ipo. gov. uk/types/patent/p－applying/p－after/p－green/p－green－faq. htm.

❷　Rule 6（2）of the Patents Act.

❸　Rule 7（2）of the Patents Act.

主要涉及的官费如表6-1❶所示。

表6-1 英国专利申请官费主要项目表

费用名称	英镑	人民币
申请费（电子提交）	20	210.78
申请费（纸件提交）	30	316.17
检索费（电子提交的、国际阶段已作检索的PCT国际申请）❷	100	1053.91
检索费（电子提交的、除国际阶段已作检索的PCT国际申请以外的申请)❸	130	1370.08
补充检索（电子申请)❹	130	1370.08
检索费（纸件提交的、国际阶段已作检索的PCT国际申请)❺	120	1264.69
检索费（纸件提交的、除国际阶段已作检索的PCT国际申请以外的申请)❻	150	1580.87
补充检索（纸件申请)❼	150	1580.87
14个月内恢复优先权❽	150	1580.87
16个月内增加优先权❾	40	421.56
提交发明人声明	0	0
实质审查费（电子提交）	80	843.13
实质审查费（纸件提交）	100	1053.91
授权费	0	0
第5年年费	70	737.74
第6年年费	90	948.52
第7年年费	110	1159.30
第8年年费	130	1370.08
第9年年费	150	1580.87
第10年年费	170	1791.65
第11年年费	190	2002.43

❶ [EB/OL]. (2013-12-31). http://www.ipo.gov.uk/types/patent/p-formsfees.htm.
❷ Section 17 (1) of the Patents Act.
❸ Section 17 (1) of the Patents Act.
❹ Section 17 (6) or Sec. 17 (8) of the Patents Act.
❺ Section 17 (1) of the Patents Act.
❻ Section 17 (1) of the Patents Act.
❼ Section 17 (6) or Sec. 17 (8) of the Patents Act.
❽ Rule 7 (2) of the Patents Act.
❾ Rule 6 (2) of the Patents Act.

续表

费用名称	英镑	人民币
第 12 年年费	210	2213.21
第 13 年年费	250	2634.78
第 14 年年费	290	3056.34
第 15 年年费	350	3688.69
第 16 年年费	410	4321.03
第 17 年年费	460	4847.99
第 18 年年费	510	5374.94
第 19 年年费	560	5901.90
第 20 年年费	600	6323.46

二、英国代理机构收费

1. 英国代理机构收费统计

根据英国代理机构的标准报价，并结合机械、电子、化学 3 个领域随机抽取的 37 个专利申请案子的账单，英国代理机构的收费情况如表 6-2 所示。

表 6-2 英国代理机构收费统计表

申请阶段	代理费项目	金额							
		最低/欧元	最低/人民币	最高/欧元	最高/人民币	中位数/欧元	中位数/人民币	平均/欧元	平均/人民币
新申请阶段	准备和提交新申请、请求检索	305	3214.43	1471	15503.02	771	8125.65	888	9358.72
	请求审查	61	642.89	449	4732.06	150	1580.87	255	2687.47
	转达公开文本	37	389.95	117	1233.07	78	822.05	77	811.51
	本阶段总费用（不含杂费）	403	4247.26	2037	21468.15	990	10433.71	1220	12857.70
实质审查阶段	转达、准备和答复审查意见或其他通知（如发生）	323	3404.13	4085	43052.22	987	10402.09	2204	23228.18
	本阶段总费用（不含杂费）	323	3404.13	4085	43052.22	987	9840.00	2204	21974.00
授权阶段	转达授权通知、转达专利证书、缴纳批印费	50	526.96	860	8574.00	173	1725.00	455	4536.00

2. 英国代理机构人员小时率

表 6 - 3 是针对上述 37 个英国专利申请案的账单统计做出的英国代理机构人员小时率统计。

表 6 - 3　英国代理机构人员小时率参考数值列表

申请阶段	人员	小时率			
		范围		平均	
		英镑	人民币	英镑	人民币
新申请阶段、实质审查阶段、授权阶段	合伙人	310 ~ 380	3267 ~ 4005	345	3636
	代理人/律师	200 ~ 295	2108 ~ 3109	248	2614
	助理	80 ~ 120	843 ~ 1265	100	1054

第三节　英国专利申请的费用优惠

一、"专利盒"（Patent Box）税收制度❶

英国财政部于 2011 年 12 月 6 日公布《2012 年财政立法草案》，在有关知识产权管理规定章节明确提出建立"专利盒"税收制度，对企业实施专利商业活动所获利润征收 10% 的税，使企业保留因专利所生成的大部分收入，从而实现利润最大化。

"专利盒"制度针对的群体，即指承担缴纳公司税（Corporation Tax，也即所得税或法人税）责任、持有合格专利或其他形式合格知识产权且以多种渠道实施其专利的企业。鉴于制药、生命科学、制造和电子领域的专利产品收入占到总收入的 60% ~ 70%，因此"专利盒"制度将尤为惠及上述领域的企业。该项政策适用于在英国使用、许可使用专利并缴税的公司。

2013 年 4 月，英国开始实施"专利盒"计划，2013 ~ 2017 年逐步引入该计划，到 2017 年 4 月该计划完全实施时，企业知识产权收益的税率将完全降低至 10%。

"专利盒"制度是英国政府经济增长计划的组成部分，旨在激励企业加大技术创新方面的投入、保留和商业化现有专利，同时研发新的专利产品、阻止创新型企业的知识产权流出英国，进而保持英国在专利技术方面世界领先者的地位。

二、出台中小企业帮扶措施❷

UKIPO 和英国公司管理署针对中小企业管理者，联手出台一系列企业帮扶举措，

---

❶ ［EB/OL］. （2014 - 07 - 01）. http：//www. ipo. gov. uk/types/patent/p - patentbox. htm.

❷ ［EB/OL］. （2014 - 07 - 01）. http：//www. ipo. gov. uk/about/press/press - release/press - release - 2012/ press - release - 20120403. htm.

如 2012 年 4 月在利物浦开展一系列免费培训活动，向中小企业管理人员提供有关知识产权的管理和保护知识。

三、出版《从想法到发展：帮助中小企业从知识产权中获益》报告❶

此报告列举了 UKIPO 帮助中小企业获取知识、技能、最大化知识产权财产以及制定有效的知识产权管理战略的若干计划。英国政府还于 2012 年发起名为"你的企业"的活动，主要目的是鼓励民众创业及进一步发展壮大企业。

四、出台"调解服务"❷

UKIPO 从 2012 年 3 月 21 日出台该"调解服务"。该服务旨在让小企业更快速且更经济地解决知识产权纠纷。新的"调解服务"将提供替代性解决方案，代替原本可能引发昂贵且长期法律诉讼的方案。这种服务将面向涉及知识产权纠纷但不希望通过费用高昂的法院诉讼体系解决问题的企业。新的机制将向企业提供各种各样的调解服务，包括短期电话会议、大量专家认证调解员以及调解费用优惠等。英国小企业对英国知识产权局出台现代化、能够更好满足小企业需求的"调解服务"表示支持。

英国政府的一系列举措，为企业尤其是中小企业带来了创新的动力和发展的活力。这些措施将有助于鼓励企业进行创新，同时让它们对未来充满信心。

第四节 在英国申请专利时的费用节省策略

为了帮助中国申请人节省专利申请费用、提高申请效率，本节将介绍一些向英国申请专利过程中可以注意的方面。

一、合理选择英国申请还是欧洲申请

英国专利申请，从申请到授权产生的基本官费为（主要是申请费、检索费、审查费）230～280❸英镑（约合人民币 2424～2951 元），官费项目简单，没有权利要求、说明书等附加费，远远低于欧洲专利申请所产生的官费❹；同时，英国律师办理英国申请和欧洲专利申请的小时率是相同的。因此，如果中国企业的目标国家只有英国，或者少于等于 3 个欧洲国家，建议直接向英国和其他国家的专利局提交申请，以节省费用。

---

❶ [EB/OL]．（2014 - 07 - 01）．http：//www. ipo. gov. uk/about/press/press - release/press - release - 2012/press - release - 20120403. htm.

❷ [EB/OL]．（2014 - 07 - 01）．http：//www. ipo. gov. uk/about/press/press - release/press - release - 2013/press - release - 20130321. htm.

❸ [EB/OL]．（2014 - 07 - 01）．http：//www. ipo. gov. uk/types/patent/p - applying/p - cost. htm.

❹ [EB/OL]．（2014 - 07 - 01）．http：//documents. epo. org/projects/babylon/eponet. nsf/0/6925584FF2F2E81AC12579BF003CF727/ $ File/schedule.

二、善用各种加快审查程序

2010 年 1 月，由 UKIPO 资助的"专利积压和相互认可"研究结果表明，每年在美国、日本、欧洲，因专利申请额外耽搁导致的经济损失为 76 亿英镑。英国正与其他各国专利局联手，以减少积压和耽搁延期的工作量，希望减低由于工作积压而造成新产品延迟投放市场而给申请人造成的经济损失。

在全球专利改革中，英国处于领先地位。UKIPO 致力于消除专利案件积压，诸如将审查周期超过 42 个月的案件都已处理完毕，并且完成了 90% 的案件在 4 个月内做出检索报告的目标。UKIPO 还为要求加快审理其案件的申请人开辟"绿色通道"，主要针对"绿色"技术以及环保类技术。UKIPO 的"绿色通道"制度已被包括美国、日本和韩国在内的很多国家所引进。

第七章

德 国

人口超 7 亿、国民生产总值约 17 万亿美元的欧洲市场正越来越强烈地吸引世界各国的公司。作为欧盟重要成员国的德国在欧盟经济中无疑起到了领头羊的作用，目前，德国连续近 40 年成为中国在欧洲的最大贸易伙伴，德国国家统计局统计数据显示，2010 年中国与德国的双边贸易实现了大幅增长，两国间贸易额突破 1300 亿欧元，中国同时成为德国第三大贸易伙伴和德国最大的进口国。可见，一旦我国企业准备进入欧洲市场，德国通常是首选之地。

根据 WIPO 最新的统计数据，2009 年中国申请人在德国提交专利申请 108 件，2010 年专利申请量为 84 件，2011 年专利申请量为 91 件，2012 年专利申请量为 172 件❶。

为了方便中国申请人在德国进行科学的专利布局，在此介绍一下德国专利申请的基本程序以及相关费用。

第一节　德国专利申请程序

一、专利进入德国的 4 种途径

目前，中国申请人在德国申请专利的途径主要有《巴黎公约》途径和 PCT 途径两种，每一种又细分为两种途径，即《巴黎公约》–德国专利途径、《巴黎公约》–欧洲专利途径、PCT–德国专利途径、PCT–欧洲专利途径。可见，中国申请人总共有 4 种途径向德国申请专利。

1. 《巴黎公约》途径

申请人可以基于在先提交的专利申请自优先权日起 12 个月内向德国专利商标局（DPMA）提交相应的专利申请（《巴黎公约》–德国专利途径），依据德国国内法获得

---

❶ ［EB/OL］．（2014 – 07 – 01）．http：//ipstatsdb. wipo. org/ipstatv2/ipstats/patentsSearch.

德国专利；或者申请人基于在先提交的专利申请自优先权日起 12 个月内向 DPMA 提交欧洲专利申请（《巴黎公约》 – 欧洲专利途径），依据 EPC 获得欧洲专利授权，然后再指定德国作为欧洲专利的生效国。后者获得的指定德国的欧洲专利和直接在德国申请的德国专利在效力上完全一致。

当然，在经过保密审查之后，申请人也可以直接向 DPMA 或者 EPO 提交专利申请，但是这种做法由于放弃了 12 个月的优先权考虑与准备时间，导致撰写成本等的大幅上升，在当前专利实践中较少为申请人所采用。

2. PCT 途径

经 PCT 途径在德国获得专利授权细分为两种途径，申请人可以直接在完成 PCT 国际申请后进入德国国家阶段，通过 DPMA 授予德国专利（PCT – 德国专利途径），或者直接在完成 PCT 国际申请后向 EPO 提交专利申请，通过 EPO 授予欧洲专利，然后指定德国为生效国家（PCT – 欧洲专利途径）。

PCT 阶段的所有程序都可以由有权被选择为专利接受部门的国家或地区专利局的代理人来执行。如果申请人不是缔约国的国民或者侨民，那么除了登记以外的涉及专利局的程序，都必须由欧洲专利律师来代理。各国国家专利局的确认程序必须由该国家专利局授权的代理人来执行。

图 7 – 1 直观地说明了申请人在德国获得专利保护的各种途径。

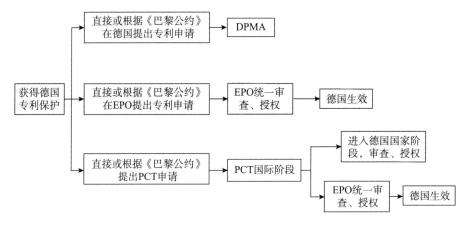

图 7 – 1　专利申请进入德国的途径

二、德国专利申请程序简介❶

图 7 – 2 展示了德国专利申请的主要流程。具体包括：

---

❶　［EB/OL］．（2014 – 07 – 01）．http：//www. dpma. de/docs/service/formulare＿eng/patent＿eng/p2791＿1. pdf.

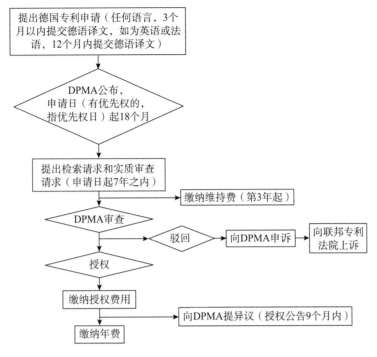

图 7 - 2　德国专利申请流程图

1. 提出申请

申请人可以任意语言向 DPMA 提出申请，但自提交日 3 个月内应补交经过律师（lawyer）、专利律师（patent attorney）或者官方授权的译者证明的德文译文。从 2014 年 4 月起，如果提出申请的语言是英文或者法文，那么可以在 12 月内提交上述德文译文。如果没有如期提交德文译文，所交申请会被视为未提交。所提交必要的申请文件包括请求说明书、摘要，以及附图等。

2. 公布专利申请

DPMA 将于自申请日（有优先权的，指优先权日）起 18 个月内公布专利申请。

3. 提出检索请求和实质审查请求

检索请求可以由申请人和任何第三人提起，但该第三人并不因此参与审查程序。请求应当以书面形式提起，参照适用第 25 条的规定。若检索请求涉及增补专利，申请人应当在提出主要专利检索请求后 1 个月内，对增补专利提出检索请求。若未及时提出请求的，增补专利申请将被视为独立专利申请。

申请人可以在提出实质审查请求之前提出单独的检索请求，DPMA 将会告诉申请人哪些文献将会与评价可专利性相关。

实质审查请求可由申请人或者任何并未参与审查程序的第三人，在递交申请后 7 年内提出。根据德国专利费用法，审查费用的支付期限可延至到期支付日起 3 个月内。但在专利申请递交后 7 年期限届满时，该支付期限也届满。

4. 实质审查程序

通常在提出实质审查后 1~3 年内，申请人会收到 DPMA 的审查意见。在答复审查意见时，申请人通常是针对审查员的意见进行辩驳或修改申请文件，还有机会参加在 DPMA 举行的"会晤程序"。当申请被驳回时，申请人有权向 DPMA 进行申诉。

5. 德国专利授权以及授权后的程序

当审查通过后，DPMA 将发出授权通知书，任何人可以在德国专利授权公告 9 个月之内提异议❶。在异议程序中，异议申请人可以阐述专利不符合专利法规定的原因（比如缺乏新颖性、创造性、要求获得保护的范围超出了原始申请所披露的范围等），DPMA 在了解异议申请人和专利权人的观点之后，会作出维持或（全部或部分）撤销专利的决定。当然，对异议程序的结果不满意的话，异议申请人或专利权人还可以上诉到德国联邦专利法院。如果没有异议，那么所公布的专利在异议期届满时有效。

此外，专利权人任何时候都可以申请限制或撤销专利。限制和撤销的最终决定由 DPMA 作出。

即使在 3 个月的提交异议期限结束之后，任何人仍然可以向德国联邦专利法院提起专利无效诉讼程序，德国联邦专利法院在了解无效起诉人和专利权人的观点之后，会判定维持专利或（全部或部分）撤销专利。但在德国联邦专利法院的无效诉讼程序的费用一般会比在 DPMA 的异议程序的费用高得多。

6. 年费

从申请递交的第 3 年开始，每年必须缴纳年费来维持权利的有效性。随着时间往后推移，年费的费用也逐步增加。目前，德国专利的官方年费为从第 3 年的 70 欧元逐步增长到第 20 年的 1940 欧元（约合人民币 16341.40 元）❷。

三、德国专利申请特色程序

1. 国内优先权制度❸

从表 7-1 可以看出：在不改变申请类别的情况下，所提出的在后申请如果要求享有在先申请的优先权，在后申请将视为撤回；在改变申请类别的情况下，所提出的在后申请如果要求享有在先申请的优先权，在后申请不视为撤回。也就是说，申请人不仅可以享受与《巴黎公约》优先权效力相同的国内优先权，而且可以通过这一制度，实现对发明专利申请和实用新型专利申请的互相转换。申请人还可以利用实用新型登记制简便、迅速和经济的特点，就相同主题的申请，首先获得实用新型保护权，从而加强对自身的保护。

---

❶ ［EB/OL］. (2014 - 04 - 14). https：//www. dpma. de/service/e_ dienstleistungen/newsletter/archiv/2014/nl_ 01_ 2014. html#a18.

❷ 按 2014 年 7 月 1 日欧元对人民币汇率中间价 100 欧元 = 842.34 元人民币计算，下同。

❸ 李洁. 德国实用新型保护制度的新发展［J］. 知识产权，1993（01）：44 - 47.

表7-1 在德国提出国内优先权要求时在后申请对在先申请的影响

对在前申请的影响	视为撤回	视为撤回	不视为撤回	不视为撤回
在先申请	发明专利申请	实用新型申请	发明专利申请	实用新型申请
在后申请	发明专利申请	实用新型申请	实用新型申请	发明专利申请
在后申请对在先申请的影响	视为撤回	视为撤回	不视为撤回	不视为撤回

2. 实用新型制度❶

（1）分支实用新型专利申请制度

德国实用新型制度中的亮点是"分支实用新型专利申请"（Abgezweigfe Gbm - Anmeldung）制度，分支实用新型专利申请制度规定，自发明专利申请的申请日起至发明专利申请结案（或异议程序结束）后的2个月内、但最长不得超过自发明专利申请的申请日起10年，或者是自发明专利申请的申请日起10年内，发明专利申请人均可就相同主题提出一个实用新型专利申请，该实用新型专利申请享受在先发明专利申请的申请日。这里所述的发明专利申请结案，是指发明专利申请在申请日后，被驳回、已撤回或已授权。因为本规定中的实用新型专利申请实际上是从一个在先的主题相同的发明专利申请中分支出来，所以德国专利界将其称为"分支实用新型专利申请"。❷

（2）实用新型专利请求检索制度

德国对实用新型专利申请实行登记制，即对申请人提出的实用新型专利申请不进行检索和"新颖性、创造性和实用性"审查，只要符合形式要求，并属于实用新型专利保护范围，即予以登记和公告。

为了弥补登记制对实用新型专利申请专利不作实质审查的不足和提高实用新型专利保护权的法律稳定性，1986年德国立法者在修订实用新型法时，增加了请求检索条款，规定实用新型专利申请人和第三人均可向DPMA提出对实用新型专利申请和已登记的实用新型请求检索。对检索未规定期限，即在提出实用新型申请时、登记程序中或登记程序后均可提出检索请求。

当申请人在递交实用新型专利申请的同时就提出请求检索时，实用新型登记程序并不因此而中止。如果申请人希望在登记前先获得检索结果，以便在获得检索结果后决定是否继续登记程序，可以请求中止登记程序。登记程序的中止时间不得超过自申请日起15个月。

请求检索制度对申请人的好处在于：①申请人可以在提出实用新型专利申请时，提出请求检索，在获得检索报告后，再决定是否进行登记，以避免花费精力去登记"表面权利"。②在实用新型专利登记后，申请人可通过请求检索，以判断其实用新型

---

❶ ［EB/OL］.（2014 - 07 - 01）. http：//www.dpma.de/docs/service/formulare_ eng/gebrauchsmuster_ eng/ g6181_ 1. pdf.

❷ 李洁. 德国实用新型保护制度的新发展 ［J］. 知识产权，1993（01）：44 - 47.

专利保护权的法律稳定性，从而在许可贸易谈判或侵权纠纷中，做到胸中有数，采取主动对策。

3. 增补专利制度❶

如果一项发明的目的是对同一申请人已要求专利保护的另一项发明作出改进，申请人可以从该另一项发明的申请日起的 18 个月内，如有优先权日的，从该日起的 18 个月内，申请增补专利。增补专利的保护期限与授予在先发明的专利同时届满。主专利因撤销、被宣告无效、放弃而终止，增补专利则成为独立的专利，期限从原主专利生效之日起算。存在数项增补专利的，仅第一项增补专利成为独立的主专利，其他增补专利仍为新的主专利的增补专利。

4. 延期授权制度

依申请人的请求，DPMA 可以推迟 15 个月发出授权决定，该期限自递交申请之日起算，要求优先权的，自优先权日起算。

第二节　德国专利申请费用

一、德国专利申请官费❷

结合德国专利申请的程序，德国发明专利申请的各主要阶段涉及的官费如表 7-2 所示；德国实用新型专利申请的官费如表 7-3 所示。

表 7-2　德国发明专利申请官费一览表

费用名称（对发明而言）	欧元	人民币
新申请阶段		
专利申请费（电子提交）	40	336.94
专利申请费（纸件提交）	60	505.40
权利要求附加费（超过 10 个，电子）	20/项	168.47/项
权利要求附加费（超过 10 个，纸件）	30/项	252.70/项
申请提交后		
发明专利转为实用新型专利申请费用	30	252.70

---

❶ [EB/OL]. (2014-07-01). http://www.dpma.de/docs/service/formulare_eng/gebrauchsmuster_eng/g6181_1.pdf.

❷ [EB/OL]. (2014-07-01). http://www.dpma.de/docs/service/formulare_eng/allgemein_eng/a9510_1.pdf.

费用名称（对发明而言）	欧元	人民币
审查阶段		
检索费	250	2105. 85
实质审查费（已提检索）	150	1263. 51
实质审查费（未提检索）	350	2948. 19
缴纳维持费或年费阶段		
第 3 年年费	70	589. 64
第 4 年年费	70	589. 64
第 5 年年费	90	758. 11
第 6 年年费	130	1095. 04
第 7 年年费	180	1516. 21
第 8 年年费	240	2021. 62
第 9 年年费	290	2442. 79
第 10 年年费	350	2948. 19
第 11 年年费	470	3959. 00
第 12 年年费	620	5222. 51
第 13 年年费	760	6401. 78
第 14 年年费	910	7665. 29
第 15 年年费	1060	8928. 80
第 16 年年费	1230	10360. 78
第 17 年年费	1410	11876. 99
第 18 年年费	1590	13393. 21
第 19 年年费	1760	14825. 18
第 20 年年费	1940	16341. 40
补充保护证书申请	300	2527. 02
第 1 年的补充保护证书维持费	2650	22322. 01
第 2 年的补充保护证书维持费	2940	24764. 80
第 3 年的补充保护证书维持费	3290	27712. 99
第 4 年的补充保护证书维持费	3650	30745. 41
第 5 年的补充保护证书维持费	4120	34704. 41
第 6 年的补充保护证书维持费	4520	38073. 77
年费滞纳金	50	421. 17

表 7 - 3　德国实用新型专利申请官费一览表

费用名称（对实用新型而言）	欧元	人民币
申请阶段		
实用新型专利申请费（电子提交）	30	252.70
实用新型专利申请费（纸件提交）	40	336.94
检索费	250	2105.85
缴纳维持费或年费阶段		
第4年~第6年的年费	210	1768.91
第7年~第8年的年费	350	2948.19
第9年~第10年的年费	90	758.11
第6年年费	530	4464.40
年费滞纳金	50	421.17
继续处理费	100	842.34
撤销实用新型专利申请的基本费用	300	2527.02

二、德国代理机构收费

1. 德国代理机构收费统计

根据德国代理机构的标准报价，并结合机械、电子、化学3个领域随机抽取的19个专利申请案子的账单，德国代理机构的收费情况见表7-4。

表 7 - 4　德国代理机构收费统计表

申请阶段	代理费项目	金额				
		最低/欧元	最高/欧元	中位数/欧元	平均/欧元	平均/人民币
新申请阶段	准备和提交新申请	1330	6598	2250	2912	24528.94
	请求审查	85	220	165	178	1499.37
	本阶段总费用（不含杂费）	1415	6818	2415	3089	26019.88
实质审查阶段	转达、准备和答复审查意见或口审（如发生）	340	3222	1106	1363	11481.09
	本阶段总费用（假定发生两轮）	680	6444	2212	2725	22953.77
授权阶段	转达授权通知、转达专利证书	130	300	290	242	2038.46

2. 德国代理机构人员小时费率

表7-5是针对上述19个德国专利申请案的账单统计作出的德国代理机构人员小时率统计。

表7-5　德国代理机构人员小时率参考数值列表

申请阶段	人员	小时率			
		范围		平均	
		欧元	人民币	欧元	人民币
新申请阶段、实质审查阶段、授权阶段	合伙人	380~420	3200~3538	400	3369.36
	代理人/专利律师	340~380	2864~3200	360	3032.42
	助理	320~360	2695~3032	340	2863.96

需要说明的是，这里的合伙人、代理人/专利律师以及助理的小时费率范围比较大，这是因为小时费率与事务所的规模、所涉及人员的工作经验、所掌握的技能、所涉及案件的性质与复杂程度等相关。

第三节　德国专利申请的费用优惠

一、年费减免

根据德国专利法第23条，如果专利申请人或者在DPMA登记的专利权人以书面方式向DPMA声明，将允许任何人在支付合理补偿时使用其发明的，在DPMA收到该声明后，应当减半收取应到期的年费。该声明的效力及于提交的主专利，也及于其该主专利的所有增补专利。该宣告需登记并公告在专利公报中。

另外，根据德国专利法第16a条的规定，德国专利在20年保护期限届满后可要求延长保护期限，在此期间需要缴纳补充保护证书维持费，该补充维持费同样在符合第23条规定的情况下费用减半。

可见，如果专利权人提交了前述允许任何人在支付合理补偿时使用其发明的声明之后，所有的年费以及补充保护证书维持费也将减半。

二、政府的扶助政策

根据德国专利法第129条的规定，在DPMA、专利法院和德国联邦最高法院的各项程序中，依据第130条~第138条的规定，当事人可以获得费用减免。

1. 德国专利法的相关规定

（1）德国专利法第130条

① 在专利授权程序中，有充分的授权前景的，申请人参照德国民事诉讼法第114

条～第 116 条的规定提出申请的，可以获得费用减免。申请人或者专利权人根据第 17 （1）条第（1）款的规定提起申请，可以获得年费减免。费用由德国联邦国库支付。

② 获得费用减免的，则不发生因未缴纳该项费用而导致的法律后果。此外，参照适用民事诉讼法第 122（2）条第（1）款的规定。

③ 数人共同申请专利的，只有所有申请人均符合第（1）款规定的条件，才可以获得费用减免。

④ 申请人不是发明人或者其权利继受人的，只有发明人也符合第（1）款规定的条件，申请人才可以获得费用减免。

⑤ 为了排除民事诉讼法第 115（3）条关于限制给予费用减免的规定的适用，费用减免的请求可以要求减免必要年份的年费。专利授权程序费用，包括指派一名代理人所产生的费用，被已经支付的分期付款所覆盖的，该分期付款的款项可以抵销年费。只要年费因分期付款而可视为已支付的，参照适用专利费用法第 5（2）条的规定。

⑥ 第三人证明自己有需要保护的利益而提出费用减免申请的，第（1）款～第（3）款的规定参照适用于专利法第 43 条和第 44 条规定的情况。

（2）德国专利法第 131 条

在限制专利权的程序（第 64 条）中，参照适用第 130 条第（1）款、第（2）款和第（5）款的规定。

（3）德国专利法第 132 条

① 在异议程序（第 59 条～第 62 条）中，参照民事诉讼法第 114 条～第 116 条、第 130 第（1）款第二句、第（2）款、第（4）款和第（5）款的规定，专利权人可以申请获得费用减免。就此不需要考虑法律抗辩是否有足够的获胜前景。

② 若证明自己有值得保护的利益，第（1）款第一句的规定适用于异议人、依据第 59 条第（2）款的规定参加程序的第三人、专利无效宣告程序和强制许可程序的当事人（第 81 条～第 85 条和第 85 条 A）。

（4）德国专利法第 133 条

若委托代理人对程序顺利进行是必要的或者对方当事人委托了专利代理人、专利律师或者授权代理人，依据第 130 条～第 132 条获得费用减免的当事人可以申请指派由其选定的专利代理人、专利律师代表其出庭，或者直接要求其授权的代理人出庭。参照适用民事诉讼法第 121 条第（3）款和第（4）款的规定。

（5）德国专利法第 134 条

在缴纳费用的法定期限届满前依据第 130 条～第 132 条的规定申请费用减免的，在依申请作出的裁定送达后 1 个月内，该期限中断。

（6）德国专利法第 135 条

① 应当以书面形式向 DPMA、专利法院或者德国联邦最高法院提出费用减免申请。在第 110 条和第 122 条规定的程序中，可以在德国联邦最高法院书记处留存笔录的方式提出申请。

② 对费用减免申请，由有权的机关作出决定。

③ 除专利部作出拒绝费用减免或者依据第133条作出拒绝指派代理人的裁定外，对依据第130条～第132条作出的决定不得提出上诉；也不得向德国联邦最高法院提起法律上诉。民事诉讼法第127条第（3）款的规定参照适用于专利法院的诉讼程序。

（7）德国专利法第136条

适用民事诉讼法第117条第（2）款～第（4）款、第118条第（2）款和第（3）款、第119条、第120条第（1）款、第（3）款和第（4）款、第124条～第127条第（1）款和第（2）款的规定。在适用第127条第（2）款时，申诉程序的提起与诉讼标的的价值无关。异议程序、宣告专利权无效程序或者强制许可程序（第81条～第85条和第85条A），也适用民事诉讼法第117条第（1）款第二句、第118条第（1）款、第122条第（2）款、第123条～第125条和第126条的规定。

（8）德国专利法第137条

以转让、使用、许可或者以其他方式对已经给予费用减免的申请保护或者授予专利的发明进行了经济上的利用，从中获取的收益改变了批准费用减免所依据的情况，使得当事人有能力缴纳程序费用的，可以停止给予费用减免；在民事诉讼法第124条第（3）项规定的期限届满后，也适用该规定。获得费用减免的当事人有义务向批准费用减免的机关通报该发明进行经济利用的情况。

（9）德国专利法第138条

① 法律上诉（第100条）程序中，依当事人申请，可以参照适用民事诉讼法第114条～第116条的规定下，批准费用减免。

② 当事人应当向德国联邦最高法院递交书面的费用减免申请书，也可以在德国联邦最高法院书记处留存笔录的方式提出申请，由德国联邦最高法院对申请作出决定。

③ 此外，参照适用第130条第（2）款、第（3）款、第（5）款和第（6）款，以及第133条、第134条、第136条和第137条的规定，但获得费用减免的当事人，仅能在一名可在德国联邦最高法院出庭的律师代理下进行诉讼。

2. 政府扶助的获得与撤销

总结第130条～第138条的内容可知，如果申请人的相关申请有充足的获得授权的希望，该申请人能够证明其个人以其经济条件妨碍其支付申请费，那么该申请人可以在请求的情况下获得法律援助。如果是多个申请人的话，每个申请人都应该满足上述条件。

根据请求，法律援助也能够包括支付年费。法律援助也能够适用于DPMA和德国法院中的其他程序。

法律援助在专利的商业性开发或者可用收入增加后的某些情况下可以撤销。

获得法律援助的申请人可以在请求的前提下被分派一位其选择好的准备代理其专利的律师或者律师或者代理证书持有者，后者需要申请人说明这种分派对于适当处理授权程序是必须的。申请人不得不解释必要性。需要考虑DPMA也提供信息并且提供帮助。如果申请人能够证明其要求获得几位承担任务的代理人的工作是徒劳的，那么在申请人请求的前提下，DPMA 会指派一位代理人。

总体说来，德国关于官费的减少与向 DPMA 展示请求人的经济困难是息息相关的。在实际操作中，只有很少的请求被批准。

第四节　在德国申请专利时的费用节省策略

与欧洲专利申请相比而言，德国专利申请期间的官费相对较低，并设有专门针对个人、中小企业以及科研院所的费用减免措施。

一、从程序入手节省费用

1. 综合考虑提出检索请求和实质审查请求的提出时机

综合考虑提出检索请求和实质审查请求的时机可以分为两种情况：第一种情况，申请人根据已有的检索结果，在对自己的申请的专利性有信心的情况下，可以同时提出检索请求和实质审查请求，这样能够适当节省相应的官费和代理费用；第二种情况，申请人想要事先判定所提交的专利申请在德国是否有授权前景，那么可以仅仅提出检索请求，视检索报告的结果对专利性的影响而决定是否提出实质审查请求，如果根据检索结果而对所提申请的专利性没有信心，那么可以不提实审，从而能够节省提出实质审查请求的费用。

2. 善用年费减免政策

德国专利年费随着保护年限的增加而逐步增加，例如到第 20 年的时候维持费可达 1940 欧元（约合人民币 16341.40 元）。根据申请人自己的专利保护策略，对于某些专利申请，专利权人可以在申请或者登记过程中书面向 DPMA 宣称任何人都可以在支付合理补偿费的情况下使用其所拥有的专利，在这种情况下年费将会减半，这也将相应地缩减费用。

3. PCT – 德国专利途径

针对经 PCT – 德国专利途径进入德国国家阶段的专利申请，如果以 DPMA 为 PCT 国际申请受理局的话，将不需要支付申请费。此外，如果国际检索报告已经做出，实质审查费也会相应地减少（200 欧元，约合人民币 1684.68 元）。

二、实体方面的费用节省策略

1. 权利要求个数

在撰写权利要求书时，由于权利要求超过 10 项会产生授权权利要求附加费，可以限制权利要求的数量小于等于 10 项，德国专利法允许多项从属权利要求引用多项从属权利要求，提交前，可以适配权利要求的引用关系，以充分利用这一许可。

2. 分支实用新型专利申请

如前面介绍的那样，根据德国的"分支实用新型专利申请"制度，在德国可以将发明专利申请变更为实用新型专利申请，且德国对实用新型专利申请实行登记制，即对申请人提出的实用新型申请不进行检索和"新颖性、创造性及实用性"审查，因此，在收到针对发明专利申请的驳回决定后，申请人在认为该发明专利申请的授权前景渺茫，或者即使授权，其保护范围也非常狭窄时，可以考虑在规定期限内将发明专利申请变更为实用新型专利申请，以便获得实用新型专利授权。

第八章

法 国

　　法国是中国在欧盟的第四大贸易伙伴、第四大实际投资来源国以及第二大技术引进国，中法双边贸易额从 1964 年建交时的 1 亿美元，增加到 2012 年的 510 亿美元，平均每年增长约 10 倍❶。与此同时，根据 WIPO 最新的统计数据，2009 年中国申请人在法国提交专利申请 30 件，2010 年专利申请量为 74 件，2011 年专利申请量为 71 件，2012 年专利申请量为 53 件❷。

　　在经济全球化的大趋势下，中国企业加快了在全球的专利布局。为了方便中国申请人在法国进行科学的专利布局，本章就在法国申请专利的基本程序、相关费用、法国政府的扶助措施以及如何节约成本进行探讨。

第一节　法国专利申请程序

一、专利申请进入法国的 2 种途径

　　目前，除了直接向法国或 EPO 递交专利申请，中国申请人在法国申请专利的常用途径主要有《巴黎公约》途径和 PCT 途径这两种，其中这两种途径中的前者又细分为《巴黎公约》–法国专利途径、《巴黎公约》–欧洲专利途径。与德国等其他欧洲国家不同，法国（此外还有意大利、比利时、塞浦路斯、希腊、爱尔兰、摩纳哥以及荷兰）采用了 PCT 第 45（a）条的规定，所以在 PCT 申请中即使指定了法国，PCT 国际申请也不可以直接进入法国国家阶段，而是必须指定欧洲，待 EPO 审查授权后，才能选择在法国生效。因此，本章将具体在考虑申请的程序、费用、时间、代理和翻译等因素的情况下对以上申请途径进行比较和分析，尝试为中国申请人在法国申请专利提供可行性建议。

---

　　❶ 中法建交 50 周年双边贸易额平均每年增十倍 ［EB/OL］．（2014 – 01 – 28）．http：//trade. ec. com. cn/article/tradezx/201401/1281226_ 1. html.

　　❷ ［EB/OL］．（2014 – 01 – 28）．http：//ipstatsdb. wipo. org/ipstatv2/ipstats/patentsSearch.

1. 《巴黎公约》途径

申请人可以基于在先提交的专利申请自优先权日起12个月内向法国国家工业产权局（INPI）提交相应的专利申请（《巴黎公约》－法国专利途径），依据法国国内法获得法国专利；或者申请人基于在先提交的专利申请自优先权日起12个月内向 INPI 提交欧洲专利申请（《巴黎公约》－欧洲专利途径），依据 EPC 获得欧洲专利授权，然后再指定法国作为欧洲专利的生效国。后者获得的指定法国的欧洲专利和直接在法国申请的法国专利在效力上完全一致。

当然，在经过保密审查之后，申请人也可以直接向 INPI 或者 EPO 提交专利申请，但是这种做法由于放弃了12个月的优先权考虑与准备时间，导致撰写成本等的大幅上升，在当前专利实践中较少为申请人所采用。

2. PCT 途径

如前所述，经 PCT 途径在法国获得专利授权只有一种途径，也就是说，申请人只能在完成 PCT 国际申请后向 EPO 提交专利申请，通过 EPO 授予欧洲专利，然后在法国注册生效（PCT－欧洲专利途径）。

以下通过图 8－1 来直观地说明申请人在法国获得专利保护的各种途径。

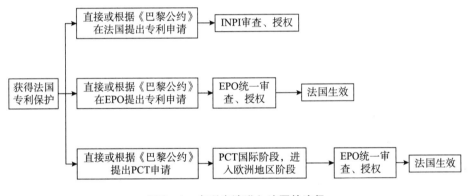

图 8－1　专利申请进入法国的途径

二、法国专利申请程序简介

不同于欧洲专利制度以及德国专利制度，法国的专利审查有自身的特点，这主要体现在：对于创造性和实用性不作审查，仅对明显不属于发明创造的客体、明显不属于可授予专利的发明创造或明显缺乏新颖性的发明予以驳回。可见，因为不存在严格的实质审查，在法国获得专利的授权是比较容易的。以下具体结合程序进行说明如何获得法国国家专利。如图 8－2 所示。

1. 提出申请

申请人可以任意语言向 INPI 提出申请。此时，必须在提出申请后2个月内提交法文译文。如果通过注册的法国专利代理人申请，无须提供委托书。

审查以该译文为原始文本。即使是没有权利要求的专利说明书或者仅仅提供在先申请的信息就可以确保专利申请日,后者中的在先申请的信息包括申请人在任何其他国家提交的在先申请的申请日、申请号、所提交申请的专利局名称以及1份写明由在先申请代替法国申请文本的声明。此时,针对没有权利要求的专利说明书就可以确保专利申请日的情况,自申请日开始2个月内需要提交权利要求书;针对仅仅提供在先申请的信息就可以确保专利申请日的情况,自申请日开始2个月内需要提交在先申请的副本以及在先申请的法文译文。

2. 形式审查

在开始检索程序之前,INPI对专利申请进行形式审查。除了审查申请文本整套文件是否存在遗漏之外,还审查申请的发明是否符合形式要求,例如是否是可以授予专利权的发明创造、是否仅包含一项发明、权利要求书是否得到了说明书的足够支持,而且要确定权利要求书是否是清楚的。《法国知识产权法典》给出的可授予专利权的保护客体的定义与EPC给出的定义一致,尤其是,计算机程序本身及商业方法是不被授予专利权的。

3. 检索程序

检索费必须在提交申请时或者申请日起1个月内缴纳。也可以自收到INPI的官方通知起2个月内缴纳,同时需要缴纳滞纳金。

检索结果写入含有书面意见书的"初步检索报告"中,该"初步检索报告"有与欧洲或者PCT检索报告相同的结构。

当所提交的专利申请是首次申请,即没有要求优先权,那么EPO将以分包人的身份为INPI进行检索,并且初步检索报告通常自申请日起9个月内送给申请人。

如果所提交的专利申请要求了优先权,那么检索程序将会分为两个步骤:

步骤(1),现有技术的信息。

在优先权日起2年左右,INPI通知申请人提供要求相同优先权的其他国家申请的引用文献的相关信息。申请人必须于2个月内答复INPI的通知,而且申请人只能进行为期2个月的一次延期。虽然答复是强制性的,但是与美国的IDS程序不同的是,如果申请人没有提交相关的现有技术文献并不会受到处罚。实施这一步骤是为了给INPI进行检索提供指导。在答复INPI的这一通知的同时,申请人可以提交修改的权利要求书。

步骤(2),初步检索报告。

考虑到申请人在步骤(1)中所提供的信息,检索由INPI完成并且发出含有书面意见书的初步检索报告。

4. 申请公开

INPI将于自申请日(有优先权的,指优先权日)起18个月内公开专利申请。申请人可以要求提前公开。

5. 第三方意见

第三方可以在初步检索报告公开日起3个月内提交意见。匿名的第三方意见是不予接受的。

6. 对扩展的初步检索报告（带有书面意见的初步检索报告）的答复

如果初步检索报告中所引用的文献是相关类别的（主要是"X"类或者"Y"类文献），那么对初步检索报告进行答复是强制性的，期限为 3 个月且可延期，延期期限也为 3 个月。

比较特殊的是，INPI 有资格以缺乏新颖性驳回专利申请，而没有权限以缺少创造性驳回专利申请。然而，在法国创造性是可专利性的条件之一，对于已授权的专利，创造性将在法院诉讼程序中讨论。

7. 实质审查

INPI 基于在初步检索报告中的现有技术文献、可能的第三方意见和申请人对初步检索报告的答复来进行实质审查，审查员基于此做出最终检索报告。INPI 关于创造性判断的审查标准与 EPO 的审查标准完全相同，但是审查员不能基于该判断发出驳回通知书。即使申请人答复了初步检索报告并进行了修改，审查员仍然可以将用于评价创造性的现有技术记载于最终检索报告中。换言之，在最终检索报告书中记载有可用于评价创造性的现有技术时，与这些现有技术相关的权利要求的有效性在法院可能会被质疑。

在法国，只有法官才可以判断授权后的专利部分或者全部有效。法官作出判断的时候，不受审查员最终检索报告书记载的约束。

8. 专利授权

在最终检索报告完成后，申请人会收到缴纳授权和印刷费的通知。不同于德国授权阶段，在法国专利授权阶段没有"异议"程序。

9. 缴纳年费

在授权之后，专利权人每年还要缴纳年费。

三、法国专利申请特色程序

法国的实用新型证书专利申请是法国专利申请较有特色的一个程序。不同于中国的实用新型专利能够获得 10 年的保护期限，法国的实用新型证书专利的保护期限最长为 6 年。同样，法国的实用新型证书专利申请的保护主题也与中国的实用新型专利不同，中国的实用新型只保护产品或装置，而实用新型证书的保护主题可以是产品、方法或装置。

申请法国实用新型证书专利所需要的文件与申请法国国家专利申请相同，而且无须缴纳检索费。形式审查的内容与法国国家专利申请一致。

所有的法国实用新型证书专利申请自申请日（有优先权的，指优先权日）起 18 个月内公开。申请人可以要求提前公开。在初步检索报告公开日起 3 个月内第三方可以提交意见。与法国国家专利申请的第三方意见相似，匿名的第三方意见是不予接受的。

在上述期限到期后无第三方意见的，申请人会被通知缴纳授权及印刷费。

如果法国实用新型证书专利与法国国家专利保护同一发明（同一专利权人、同一申请日或优先权日、近似的保护范围）的，当国家专利授权时，实用新型证书专利失去保护效力。

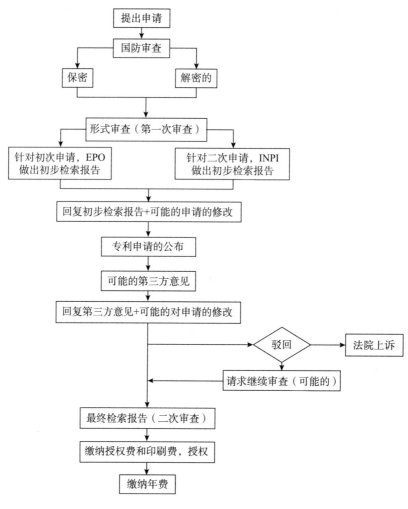

图 8-2   法国专利申请流程图

第二节   法国专利申请费用

一、法国专利申请官费

结合法国专利、实用新型证书专利申请的程序，将各阶段可能发生的主要官方费用简要说明如下，费用明细见表 8-1❶❷。

---

❶ ［EB/OL］．（2014-07-01）．http：//www.inpi.fr/fileadmin/mediatheque/pdf/INPI_ Tarifs_ procedures. pdf.

❷ 按 2014 年 7 月 1 日欧元对人民币汇率中间价 100 欧元 = 842.34 元人民币计算，下同。

表 8 － 1　法国专利申请、实用新型证书专利申请官费一览表

项目名称	官费/欧元	官费/人民币	减免后的官费/欧元	减免后的官费/人民币
新申请阶段				
申请费（电子），适用于专利和实用新型证书专利	26	219.01	13	109.50
申请费（纸件），适用于专利和实用新型证书专利	36	303.24	18	151.62
权利要求附加费（超过 10 个）	40/项	336.94/项	20/项	168.47/项
审查阶段				
检索费	500	4211.70	250	2105.85
申请提交后请求修正错误	50	421.17		
检索费滞纳金	250	2105.85	125	1052.93
附加检索费	500	4211.70	250	2105.85
授权阶段				
授权费、专利或者实用新型证书专利印刷费及传送费	86	724.41	43	362.21
缴纳维持费或年费阶段（对于实用新型证书而言是前六年）				
第 2 年～第 5 年（每年）	36	303.24	18	151.62
第 6 年	72	606.48	54	454.86
第 7 年	92	774.95	69	581.21
第 8 年	130	1095.04		
第 9 年	170	1431.98		
第 10 年	210	1768.91		
第 11 年	250	2105.85		
第 12 年	290	2442.79		
第 13 年	330	2779.72		
第 14 年	380	3200.89		
第 15 年	430	3622.06		
第 16 年	490	4127.47		
第 17 年	550	4632.87		
第 18 年	620	5222.51		
第 19 年	690	5812.15		
第 20 年	760	6401.78		
延长保护证书维持费（每年）	900	7581.06		

需要指出的是，第 8 年之后的年费不会减半。

二、法国代理机构收费

1. 法国代理机构收费统计

根据法国代理机构的标准报价，并结合机械、电子、化学 3 个领域随机抽取的 15 个法国专利申请案子的账单，法国代理机构的收费情况如表 8–2 所示。

表 8–2　法国代理机构收费统计表

申请阶段	代理费项目	金额				
		最低/欧元	最高/欧元	中位数/欧元	平均/欧元	平均/人民币
新申请阶段	准备和提交新申请（含翻译费）	1051	4200	2774	2410	20300.39
	答复补正通知	105	604	450	436	3672.60
	本阶段总费用（不含杂费）	1156	4804	3224	2846	23973.00
审查阶段	提出检索请求	168	400	400	327	2754.45
	转达、准备和答复初步检索报告或其他通知（如发生）	350	1738	764	950	8002.23
授权阶段	转达授权通知、转达专利证书印刷费	250	346	250	288	2425.94

2. 法国代理机构人员小时率

表 8–3 是针对上述 15 个法国专利申请案的账单统计作出的法国代理机构人员小时率统计。

表 8–3　法国代理机构人员小时率参考数值列表

申请阶段	人员	小时率		
		范围		平均/人民币
		欧元	人民币	
新申请阶段、实质审查阶段、授权阶段	合伙人	300~350	2527~2948	2738
	代理人/专利律师	150~300	1264~2527	1264
	助理	220~260	1853~2190	2022

需要说明的是，这里的合伙人、代理人/专利律师以及助理的小时费率范围比较大，这是因为小时费率与事务所的规模、所涉及人员的工作经验、所掌握的技能、所涉及案件的性质与复杂程度等相关。

第三节 法国专利申请的费用优惠

一、INPI 的优惠政策

为鼓励技术创新和支持专利申请，法国政府对于满足以下条件的专利申请人免除一半的专利申请费用：自然人、非营利性研究机构以及部分中小型企业，其中雇员1000 人以下并且少于 25% 的股份由非中小型企业持有的企业可以认定为符合条件的中小型企业。作为自然人的申请人无须提交任何文件即可享有 50% 的费用免除，非营利性研究机构则应提交主体资格证明，企业申请人应提出减免申请并且在 1 个月内提交满足上述条件的书面声明即可。上述专利申请费用的优惠政策无条件适用于《巴黎公约》的缔约方和 WTO 成员方国民（包括自然人、法人和其他组织）❶。

法国关于企业规模的定义具体如下：

1. 中小型企业（PME）❷

中小型企业必须满足以下所有条件：员工人数少于 250 名、年销售额 5000 万欧元以内，或资产负债表总额低于 4300 万欧元、不存在任何大公司对该企业的控股（25%以上投票权）。

小型企业定义：员工人数少于 50 人、年销售额或资产负债表总额低于 1000 万欧元，且独立于任何大企业。计算员工人数、销售收入和资产负债表必须考虑企业所有业务，包括直接投资，或间接投资控股比例超过 25% 的部分。如企业连续 2 年员工人数或财产情况超过小企业限额，企业将失去小企业身份，成为中型企业。

2. 大型企业

法国有关国家扶持的法规规定，大型企业是不符合上述中小企业标准的大型公司。

3. 中型企业（ETI）

根据法国的相关规定，中小型企业与大型企业的定义也适用于法国。除此之外，法国专门对中型企业还有一个定义。

根据 2008 年 8 月 4 日的《经济现代化法》，中型企业是对法国公司的法律分类。

中型企业的标准：250~5000 名员工；资产负债表总额不足 20 亿欧元；营业额保持低于 15 亿欧元。

---

❶ 冯术杰. 法国专利申请中的特殊制度［J］. 电子知识产权, 2010（7）：19-23.

❷ ［EB/OL］. (2014-07-01). http://www.sun-avocat.com/welcome/publications/doing-business-in-france/.

根据欧盟对国家扶持的法规，中型企业适用与大型企业相同的规定，但可享受各国法律的针对性措施。

二、法国国家投资银行的资助政策

除了上述 INPI 给予某些申请人的直接优惠政策外，法国政府成立了由多个机构构成的专门的资助性机构，即法国国家投资银行（Bpifrance），以帮助法国中小型企业的创新，以下对该机构的构成、主要工作模式以及资助政策中与知识产权相关的政策进行介绍。

1. 法国国家银行的构成

法国国家投资银行从 2013 年 7 月 12 起取代原有的资助性机构——法国创新署（OSEO Innovation）。目前，法国国家投资银行由法国创新署、法国信托局企业部门（CDC Enterprises）、法国战略投资基金（FSI）以及地方战略投资基金（FSI Régions）组成，主要目的在于扶持法国中小型企业❶。

2. 主要工作模式

法国国家投资银行的主要工作模式在于：根据不同企业、不同项目提供各种补助、减息贷款，扶助涉及的范围很广，该范围涵盖了企业创立、创新、发展、国际化以及企业相关项目从可行性研究、设备材料、人员招聘等到知识产权策略、工业上实施等各个方面。

（1）对研发创新项目的扶助

企业被法国国家投资银行分为：PME1 E1、PME E2、PME E3 以及大型企业四类，研发创新项目（R&D&I）被法国国家投资银行分为 P1 ~ P4 四类。

① 对企业的分类

PME E1：运营超过 5 年且需要满足以下条件中的至少一条的中小型企业：在某个领域超过 1 年时间内具有稳定的财政结构；营业额稳步增长；获得令人满意的盈利和经常取得积极的成果；稳固的竞争地位以及多样化的客户群体；有效的管理才能和专业性。

PME E2：运营超过 5 年以上、但并不存在困难的中小型企业，需要满足以下条件中的至少一条：失去平衡的不稳定的财政结构；业务和盈利不规律以及短期内无实质发展；竞争地位不稳定或者对客户或供应商有较强依赖性；管理缺乏经验并且专业化程度有待提高；特别地需要警示管理层、股东和业务部门。

PME E3：需要满足下列条件中至少一条的中小型企业：运营时间少于 5 年的企业；尚未达到盈亏平衡点；现有数据无法证明其潜力或者无法达到其预定的目标。

大型企业：不满足欧盟对中小型企业的定义的其他企业。

---

❶ ［EB/OL］.（2014 - 01 - 28）. http：//www. bpifrance. fr/bpifrance/notre_ mission_ nos_ metiers/notre_ organisation.

② 对项目的分类

P1：运营时技术经济风险很小、在流程和组织方面的创新项目；与信息通信技术的使用和运营相关的体系创新。

P2：有技术经济风险的研发项目，特点在于相对于现有技术对产品、流程或者服务的改良。

P3：较大技术经济风险的研发项目，特点在于存在创新突破、丰富的多元化或创新型企业的创建。

P4：合作性研发项目，尤其是来自产业聚集的项目。

③ 针对不同类项目与知识产权相关的扶持

a. 对 P1 类项目的扶持范围

与专利有关的费用包括：合同研究、技术认知、专利购买或者来自外部以市场价格获得许可资格的花费、仅与研究活动有关的咨询服务和等同的服务。

b. 对 P2、P3、P4 类项目的扶持范围

仅针对中小型企业，来源于研发项目的专利申报能得到支持。许可的花费如下：

——在初次管辖（première juridiction）期间授权以前的所有费用，包括专利形成、申请、跟进审查进程以及授权以前对申请修改的费用；

——翻译费用以及在其他管辖阶段与获得权利或者确认权利相关的花费；

——伴随着申请或者可能的异议程序的状况下维护权利有效性的花费，即使这些花费在授权以后。

c. 对 P1 ~ P4 类项目的扶持力度

对项目的扶持主要通过需偿还的贷款来实施，首先引入贷款率这一概念，表示贷款总额与扶持（包括花费）的基数总额之比。此贷款率由法国国家投资银行根据两个参数来确定：最大率和推荐率。

c1. 最大率

贷款率根据扶持项目的类别不能超过下列额度：

——对于 P1 项目的流程和组织的创新而言上限是 25%；

——对于 P2、P3、P4 项目的实验性开发活动的上限是 40%；

——对于 P2、P3、P4 项目的工业研究活动的上限是 60%。

对于中型企业在上述费率基础上增加 10 个百分点，对于小型企业在上述费率基础上增加 20 个百分点。

c2. 推荐率

上述最大率实际上无法完全达到，因此法国国家投资银行采用推荐率来确定相应的费率。推荐率不能超过上述的最大率。推荐率取决于企业和项目类型。它旨在更大地支持最脆弱的企业和最有风险的项目。表 8 - 4 为推荐率表。本表格数据中可以说明：法国国家投资银行更大地支持最脆弱的企业和最有风险的项目。PME E3 是最脆弱的企业，P4 是风险最大的项目，它们获得的资助最多。

表 8 – 4 依据研发创新项目和企业类型的推荐率表

	PME E1	PME E2	PME E3	大型企业
P1	30%	30%	40%	25%
P2	40%	50%	50%	40%
P3	40% ~50%	50%	50%	40% ~50%
P4	60%	60%	60%	60%

d. 贷款偿还

实际的偿还金额需要考虑项目在商业和技术上的成功程度。项目完成后需要通过法国国家投资银行定义的指南作为基础以作出成功或者失败的评价。下列 3 种情况会被考虑到。

——如果项目成功，企业必须偿还无息贷款。如果企业存在财务困难，法国国家投资银行可以接受重新分期偿还欠款。延长偿还期限根据先前合同需支付每月 0.7% 的延迟利息（每年 8.4%），根据法国官方，此为惩罚的市场利息。此延长因此不包括额外的国家补助。

——如果项目部分成功，则还款金额取决于项目结果的技术和商业实现程度。

——如果项目失败，则企业需按合同进行承包偿还。

承包偿还是指：法国国家投资银行对项目在完全失败时所采用的偿还方式。它只有在企业还没有开始还款之前突然遭遇了经营失败时生效。承包偿还的程度依相关贷款总额的百分比计。表 8 – 5 为相应的承包偿还表。

表 8 – 5 依据研发创新项目和企业类型的承包偿还表

	PME E1	PME E2	PME E3	大型企业
P1	40% ~50%	30% ~40%	30% ~40%	40% ~50%
P2	30% ~40%	20% ~30%	20% ~30%	30% ~40%
P3	20% ~30%	20% ~30%	10% ~20%	30% ~40%
P4	20% ~30%	20% ~30%	10% ~20%	30% ~40%

（2）技术扶助措施（PTR）

技术扶助措施是补贴上限为 5000 欧元、仅限于中小型企业实施可行性研究或专利申请的辅助性措施。

此措施对可行性研究的扶助涵盖预先的工业研究活动或者实验的进展。扶助力度对于初次扶助申请达到 60%，对于二次扶助申请可达 50%。扶助范围只包括外部的花费，受益企业内部的花费完全由企业自身负责。

此措施对专利申请的扶助范围包括与申请准备、随后的与证书有关的内部费用，以及与专业的咨询和翻译有关的外部的费用。

扶助力度与上述第①项中对研发创新项目扶助措施的扶助力度相同。

3. 其他资助措施

法国政府还提供了很多其他扶助性措施帮助各种类型的企业创新,以下给出其中的与知识产权相关的两种扶助措施。

(1) 技术转让

如果公共研究机构(例如大学或者学院)将相关技术转让给企业,则企业为受扶持对象,实验室则以分包的形式起作用。

这样做的目的是:

——鼓励实验室以研究成果为基础开发工业应用;

——确保研究机构与企业之间技术转让的可行性;

——使得中小企业能够通过获得公共实验室的先进技术来创新。

法国国家投资银行提供的扶持是准备转让过程的实验室花费,包括:测试模型、知识产权策略、市场研究、潜在的应用研究、寻找工业伙伴等花费。

此时,法国国家投资银行提供多达总额 40% 的扶持资金,资金的上限为 5 万欧元。

(2) 对于发明在工业和商业推广之前发展和实现的财政帮助

该措施扶助对象是中小型企业中员工少于 2000 名的企业。其目的在于:

——帮助工业企业进行工业研究或者实验性发展项目;

——开发创新的技术产品、流程或者服务,实现其工业和/或商业愿景;

——资助参与欧洲或者法国中项目创新的技术合作。

该措施所帮扶的范围包括:

项目概念和定义、技术经济可行性研究、研发人员调整、外部咨询和服务、模型和样机的实现、专利的申报和延长、设备购买或者磨损、技术认识的获得、工业推销的准备等。

三、税收抵免政策❶

生产、贸易和农业企业投入研发资金可获税收抵免,抵扣其企业所得税。如由于未盈利而未缴纳任何税收,它们将在 3 年后获得以现金退税形式支付的研发税收抵免(CIR)。中小型企业、创新型新公司(JEI)、创业公司和面临财务困难的公司有资格获得研发税即时退税。

要获得研发税抵免,研发开支应为基础研究、应用研究(产品、运营或方法的测试模型)或实验性开发(使用原型或试验设备)。

对于 2011 年 1 月 1 日后产生的研发开支,研发税抵免金额为年度研发活动总支出(最高额度为 1 亿欧元)的 30%,超过该金额的部分为 5%。对于首次申请研发税抵免的申请人或前五年未享受研发税抵免的公司,第一年和第二年的抵免金额从 30% 分别

---

❶ [EB/OL]. (2014 - 07 - 01). http: //www. sun - avocat. com/welcome/publications/doing - business - in - france/.

上调至 40% 和 35%。同样，这些提高的税率仅针对至少 25% 股份并非由前五年在公司持股 25%，且在相同期间不再从事研发税抵免的合作伙伴持有的公司。

符合要求的研发开支包括多项，其中与知识产权相关的项目包括：

——申请、维持和保护专利和植物新品种权（COV）所产生的费用；

——专利保险合同相关的奖金和报酬（封顶每年 6 万欧元）；

——为研究目的购买的专利的折旧。

法国公司在国外（尤其在欧盟或欧洲经济区成员国）产生的开支，或外国公司通过其常驻机构在法国产生的开支可计入研发税抵免基数。此外，专利保护和技术监测的费用不论在何处产生，均符合研发税抵免的条件，包括在欧盟或欧洲经济区以外。

法国的研发税抵免是一项激励企业研发活动的政府政策，采用退税或从企业的税负中抵扣的形式。

由此研发税抵免能显著减少企业的税负，因此有助于提高法国作为投资目的地的吸引力。根据经济合作与发展组织（以下简称"经合组织"）的一项研究，法国的研发税抵免是全世界最具吸引力的税收激励措施之一。

第四节　在法国申请专利时的费用节省策略

与需要经过实质审查的欧洲专利申请和德国专利申请相比而言，法国专利申请期间的官费相对较低，并且有专门针对自然人、非营利性研究机构、中小型企业的费用减免措施，申请人可以多加利用。

一、从程序入手节省费用

根据法国法律的相关规定，申请人一定要按时缴纳检索费，即在提交申请时或者自申请日起 1 个月内缴纳上述费用，否则会缴纳数额为检索费 50% 的滞纳金。申请人也需按时缴纳年费，否则会缴纳数额为年费 50% 的滞纳金。如此高比例的滞纳金在各国费用构成中还是较为少见的，需要申请人多加注意。

二、实体方面的费用节省策略

1. 注意与专利文本相关的收费项目

通过研究法国专利官费的收费标准可以看出，在撰写权利要求书时，由于权利要求超过 10 项要缴纳授权权利要求附加费，因此为节省费用的考虑，申请人可以限制权利要求的数量小于等于 10 项。法国专利法允许多项从属权利要求引用多项从属权利要求，因此在提交申请前，可以通过适配权利要求的引用关系，以充分利用这一条款节省相关费用。此外，虽然 INPI 并未就超长说明书进行收费，但是仍然要保持说明书篇幅合理，以避免产生昂贵的翻译费用。

2. 避免加急费用的产生

国外事务所加急费用很高，例如，如果在答复到期之前的 10 天内才收到答复指示的话，要加收 25% 的加急费，国内申请人要争取提前于届满期限 10 天以上给予答复指示，以避免昂贵的加急费用。

三、政府的政策方面

法国政府从多方面给予不同类型的企业以不同类型的扶助措施，尤其是对于在法国有投资且有研发的公司给予很优惠的贷款以及税收减免政策。中国企业如果在立足于本国市场的前提下，通过在法国设立研发机构和生产部门等方式拓展法国市场，能够在享受到法国的优惠政策的同时增强中国企业自身的力量。

第九章

日 本

　　国务院颁布了《国家知识产权战略纲要》后，中国申请人（个人和法人，下同）在国外申请的专利数量显著增加。例如，2008 年中国申请人在日本的发明专利申请量是 772 件，到了 2015 年，这一数据已经上升到 2840 件；相对于外国人在日本申请的发明专利总量，其百分率也从 2008 年的 1.3% 增加到了 2015 年的 4.7%。另外，2008 年中国人在日本仅获得 91 件发明专利权，而到了 2015 年，这一数据已经增长到 1535 件；相对于外国人在日本获得的发明专利权总量，其百分率也从 2008 年的 0.4% 猛增到 2015 年的 6.9%❶。上述数据表明，近年来，中国申请人在日本的申请量和授权量大幅增加。

　　众所周知，专利申请除了需要考虑技术方案本身以外，费用也是申请人需要考量的一个重要因素。为了便于中国申请人综合判断在日本提交专利申请以及维持专利权的收益与支出，本章着重介绍在日本申请专利时所需的费用以及费用的减免措施，并对在日本提交专利申请时如何节约费用提供一些建议。

第一节　日本专利申请程序

一、专利申请进入日本的 3 种途径

整体而言，中国申请人想要在日本获得专利权，一般有下述 3 种途径：

（1）通过 PCT 途径进入日本国家阶段；

（2）通过《巴黎公约》，要求优先权提交日本申请；

（3）直接向日本特许厅（JPO）提交专利申请。

---

　　❶　日本特许厅 2013 年年报第 17 页 [EB/OL]. [2013 - 11 - 12]. http：//www.jpo.go.jp/shiryou/toushin/nenji/nenpou2013/honpen/1 - 1.pdf. 日本特许厅 2016 年年报第 140 页和第 150 页 [EB/OL]. [2016 - 10 - 7]. http：//www.jpo.go.jp/shiryou/toushin/nenji/nenpou2016_ index.htm.

二、日本专利申请程序简介

图 9 - 1❶是在日本获得发明专利权的大致流程图。

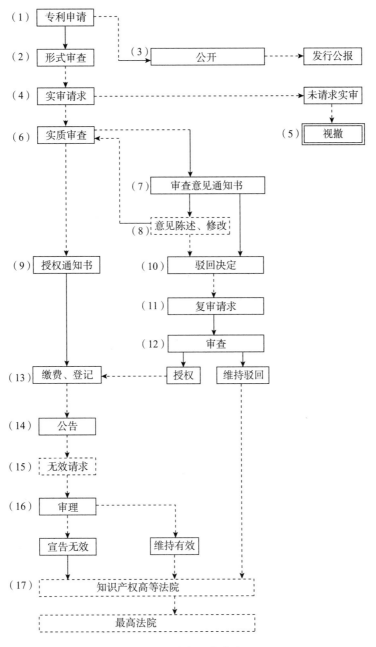

图 9 - 1　日本专利申请流程图

❶　［EB/OL］．［2016 - 10 - 07］．http：//www. jpo. go. jp/shiryou/toushin/nenji/nenpou2016/toukei/0613 _
01. pdf.

1. 提交申请

为了获得专利权，在申请时，申请人需要向 JPO 提交必要的申请文件，包括但不限于请求书、说明书、权利要求书、摘要，以及必要时的附图。

一般而言，申请时提交的说明书、权利要求书、摘要，以及必要时的附图必须用日文撰写。但是，根据日本特许法第 36 条之二❶的规定，在申请时也可以直接提交外文（例如中文或英文）说明书、权利要求书、摘要，以及必要时的附图，但在申请日（有优先权的，自最早的优先权日）起 1 年 4 个月内必须补交全部文件的日文译文。期满未提交译文的，JPO 会发出通知书，要求申请人在 2 个月内补交。2 个月内未补交的，该申请视为撤回。

2. 形式审查

在申请人提交专利申请后，JPO 会对申请文件进行形式审查。如果审查员发现申请文件中存在形式缺陷，将会发出补正通知书。申请人应当在规定期间内，进行补正。未按照补正通知书进行补正的，JPO 将驳回该申请❷。

3. 申请公开

申请日（有优先权的，自优先权日）起 18 个月，发明的内容将被公开。申请人也可以要求提前公开发明的内容，以尽快进入收取补偿金❸的期间。

4. 实质审查请求

申请日（有优先权的，自优先权日）起 3 年内，任何人（申请人或第三人）可就该申请提出实质审查请求。期满未提出的，该申请视为撤回。

5. 实质审查

依照申请人提出的实质审查请求，JPO 对发明专利申请的可专利性进行实质审查。JPO 认为该申请具有可专利性时，将直接授予专利权；认为该申请存在不能授权的缺陷时，将发出拒绝理由通知（相当于中国的审查意见通知书）。针对该拒绝理由通知，申请人可以进行答辩和/或修改。

对于中国申请人而言，答复拒绝理由通知的时间每次一般为 3 个月。此外，该答复期间还可以最多延期 3 个月。

JPO 认为申请人提交的答辩和/或修改克服了拒绝理由通知且不存在其他拒绝理由时，将发出授权通知书。JPO 认为申请人提交的答辩和/或修改仍然没有克服拒绝理由通知的，将发出驳回决定。

---

❶ "日本特许法第 36 条之二"是介于日本特许法第 36 条和第 37 条之间的一个单独法条，并不是第 36 条第二款。

❷ 此处的"驳回申请"与实质审查阶段的"驳回申请"不同。前者是因为申请文件存在形式问题且不按照要求补正而被"驳回"，在日语中用"却下する"；后者是因为申请文件存在实质缺陷而被"驳回"，在日语中用"拒絶する"。

❸ 在专利获得授权后，专利权人可以向申请公开后至授权前实施该发明的人要求支付补偿金。

6. 复审

针对上述驳回决定，申请人可以在收到驳回决定之日起 3 个月内向审判部（相当于中国的专利复审委员会）提出复审请求。在提交复审请求时，申请人必须对权利要求进行修改，哪怕是非常微小的形式修改（不涉及实质内容的修改）。

基于申请人的复审请求，审判部在前置审查意见的基础上再次审理该申请，依据不同情况将有如下 3 种处理方式。

（1）认为驳回决定中的理由正确时，作出维持驳回决定的复审决定。

（2）认为驳回决定中的理由不正确且没有其他拒绝理由时，直接发出授权通知书。

（3）认为驳回决定中的理由不正确，但还存在其他拒绝理由时，发出拒绝理由通知，要求申请人进行答辩和/或修改。申请人的答辩和/或修改不能克服上述拒绝理由时，发出维持驳回决定的复审决定；申请人的答辩和/或修改克服了上述拒绝理由时，发出授权通知书。

7. 行政诉讼

申请人在不服审判部作出的不利于自己的复审决定时，可以向东京高等法院特设的知识产权高等法院提起行政诉讼，要求撤销上述复审决定，授予专利权。对于东京高等法院作出的不利于自己的判决，可以向日本最高法院提起上诉。

三、日本专利申请特色程序

1. 早期审查制度

根据日本特许法，在满足下述条件（1）～（6）任一的情况下，收到申请人的申请后，与通常的申请相比，JPO 提前对该申请进行审理。

（1）申请人是中小企业、个人、大学、公设试验研究机构或者受到承认或认定的技术转让机关；

（2）申请人或被实施许可人正在实施其发明，或者自早期审查申请日起 2 年内预定实施其发明（例如实际正在制造、销售产品的情况）；

（3）向 JPO 以外的其他国家专利局或政府间机构也提出了申请，或者提交了国际申请的专利申请；

（4）与环境相关的技术的专利申请；

（5）地震受灾者提交的专利申请；

（6）与《亚洲据点化推进法》相关的申请❶。

据 2013 年 JPO 年报统计，2012 年普通申请由提交实质审查请求到结案一般大约需要 34 个月，2012 年共有 14717 件发明专利申请提出了早期审查请求，这些申请由申请到结案平均仅需约 5 个月。显然，与普通申请相比，利用了该制度的申请的审查时间

---

❶ 与《亚洲据点化推进法》相关的申请是指申请人的全部或一部分是按照基于《亚洲据点化推进法》认定的计划进行研究开发事业而设立了特定多国籍企业的国内相关公司，且所提交的专利申请是与该研究开发事业的成果相关的发明专利申请。

大幅缩短。

中国申请人的发明专利申请一般不会仅在日本提交，从而，很容易满足上述条件（3）。因此，中国申请人的申请，一般均可利用该制度。

2. 超早期审查制度

在适用早期审查制度的申请中，对于重要性更高的申请，JPO 可以比普通的早期审查更快地进行审查。

这里的"重要性更高的申请"是指同时满足下述条件（1）和条件（2）的申请。

（1）同时满足上述"早期审查"条件中的（2）和（3）的申请（正在实施或 2 年内预定实施且在日本以外也提交的申请）；

（2）申请超早期审查前的 4 周以后的所有手续均通过电子方式进行的申请。

据 2013 年 JPO 年报统计，2012 年共有 471 件发明专利申请提出了超早期审查请求，这些申请由申请到结案平均仅约 2.1 个月。显然，与利用早期审查制度的申请相比，审查时间进一步大幅缩短。

3. 发明专利申请与实用新型申请的互相变更

（1）将发明专利申请变更为实用新型专利申请

根据专利实用新型法第 10 条的规定，发明专利申请人在收到首次驳回决定之日起 3 个月内，或者自申请日起 9 年 6 个月内，可以将其发明专利申请变更为实用新型专利申请。变更后实用新型专利申请的说明书、权利要求书以及附图记载的内容不能超出原发明专利申请说明书、权利要求书和附图记载的范围。另外，变更后，原发明专利申请被视为撤回。

（2）将实用新型专利申请变更为发明专利申请

根据日本特许法第 46 条的规定，实用新型专利申请人可以在申请日起 3 年内将实用新型专利申请变更为发明专利申请。变更后发明专利申请的说明书、权利要求书以及附图记载的内容不能超出原实用新型专利说明书、权利要求书和附图记载的范围。另外，变更后，原实用新型专利申请被视为撤回。

第二节　日本专利申请费用

为了获得专利权，除了必须向 JPO 提交规定的文件以外，还必须支付其规定的费用（以下简称"官费"❶）。此外，根据日本特许法第 8（1）条的规定，中国申请人在日本申请专利时，大多委托代理人进行处理。也就是说，在申请的过程中，申请人还需要承担日本代理人的费用（以下简称"代理费"）。下面基于第一节介绍的申请程序，简单介绍在日本获得专利权时所需的主要费用。

---

❶ 本文所涉及的官费费率均来源于日本特许厅网站［EB/OL］.（2016 – 04 – 01）［2016 – 10 – 07］. http://www.jpo.go.jp/tetuzuki/ryoukin/hyou.htm#sinsaseikyu.

一、申请流程各个环节的官费和代理费

1. 提交申请

（1）官费

在第一节中已经介绍 JPO 提交发明专利申请有 3 种途径。无论采用这 3 种途径中的哪一种途径，提交申请时的官费均为 14000 日元（约合人民币 851 元❶）。另外，如果用外文（例如中文或英文）文本直接提交，其申请时的官费为 22000 日元（约合人民币 1337 元）。

（2）代理费

在日本，代理人协会曾经公布过代理人收费标准，但是，该标准在 2003 年被废除。目前，日本代理人的费用一般按有效工作时间收费。因此，从代理费的角度来看，就某一具体案件，有时存在非常大的差异。据日本代理人协会 2009 年就代理费进行的调查❷显示，例如，撰写 1 份说明书 4 页（日文约 8000 字符）、权利要求 5 项、附图 5 幅的申请文件，代理费为 20 万～30 万日元（约合人民币 12156～18233 元）的代理人占到了 72%。就中国申请人而言，在申请阶段，从费用以及语言沟通等方面考虑，不建议直接委托日本代理人进行撰写，最好在中国国内完成申请文件的撰写工作。

如果申请文件的撰写在中国国内完成，则日方的代理费主要包括基本代理费和翻译费。例如，中等规模❸的日本专利事务所的基本代理费大致为 15 万～20 万日元（约合人民币 9117～12156 元）。翻译费一般每一英文单词为 30～40 日元（约合人民币 1.82～2.43 元）。

2. 形式审查

在该阶段一般没有官费。但是，如果出现补正通知书，日方代理人为了答复该通知书，一般会收取代理费。该代理费虽然不会太高，但是仍然建议尽量避免该部分费用。为此，建议申请人在给日方代理人指示信时，尽量提供准确、翔实的信息。

3. 申请公开

在该阶段一般没有官费。另外，如果申请人希望专利申请文件提前公开，日方代理人需要制作并提交请求书。该项工作的代理费一般约为 1 万日元（约合人民币 608 元）。

4. 提交实审请求

（1）官费

向 JPO 提交实审请求的官费与权利要求数❹和检索报告密切相关，具体有下述 4 种

---

❶　按 2016 年 10 月 7 日日元对人民币汇率中间价 100 日元 = 6.0778 元人民币计算，下同。

❷　[EB/OL]. [2013 - 11 - 12]. http：//www.jpaa.or.jp/consultation/commission/charge - top.html.

❸　"中等规模"是指有 10 名左右代理人的事务所。

❹　日本允许采用多项从属权利要求引用多项从属权利要求的撰写方式。另外，专利申请过程中的官费与权利要求项数密切相关。在计算相关费用时，仅用权利要求的实际项数进行计算，而不用对多项从属权利要求引用多项从属权利要求进行加算。

情形。

① 只提交实审请求

官费为 118000 日元 + （权利要求数 ×4000 日元）

（约合人民币 7172 元 + （权利要求数 ×243 元））

② 提交实审请求的同时提交了 JPO 制作的国际检索报告的 PCT 国际申请

官费为 71000 日元 + （权利要求数 ×2400 日元）

（约合人民币 4315 元 + （权利要求数 ×146 元））

③ 提交实审请求的同时提交了 JPO 以外的检索机关制作的国际检索报告的 PCT 国际申请

官费为 106000 日元 + （权利要求数 ×3600 日元）

（约合人民币 6442 元 + （权利要求数 ×219 元））

④ 提交实审请求的同时提示了特定登记检索机关❶制作的检索报告的申请

官费为 94000 日元 + （权利要求数 ×3200 日元）

（约合人民币 5713 元 + （权利要求数 ×194 元））

（2）代理费

该阶段日方代理人的工作比较简单，仅提交相关文件即可，因此，日方代理费一般约为 1 万日元（约合人民币 608 元）。

5. 实质审查

（1）官费

在该阶段一般不会产生官费。但是，如果答复审查意见通知，申请人在修改后的权利要求书中增加的权利要求数超过了原权利要求数，每项新增加的权利要求需要缴纳 4000 日元（约合人民币 243 元）的官费。

（2）代理费

在收到审查意见通知书后，日方代理人一般会准备该通知书的英文译文和针对该通知书的答复建议。每个日语字符翻译成英文的费用一般为 15 ~ 20 日元（约合人民币 0.91 ~ 1.21 元）。日方代理人提供建议一般按照有效工作时间进行计费，费率一般为每小时 2 万日元（约合人民币 1216 元）。如果申请人不需要审查意见的英文译文和/或日方代理人的建议，最好在审查意见发出前明确通知日方代理人。

在收到申请人的指示后，日方代理人会准备并提交意见陈述书和申请文件的修改文本（如有）。前述日本代理人协会 2009 年的调查显示，在意见陈述书的准备过程中，39% 的代理人的收费为 6 万 ~ 8 万日元（约合人民币 3647 ~ 4862 元），21% 的代理人的收费为 5 万 ~ 6 万日元（约合人民币 3039 ~ 3647 元）；在申请文件修改文本的准备过程中，36% 的日方代理人的收费为 6 万 ~ 8 万日元（约合人民币 3647 ~ 4862 元），21% 的

---

❶ 为了减轻 JPO 检索的负担，JPO 允许其认可、登记的检索机关进行专利实质审查方面的检索。并承诺可降低提供这种机关制作的检索报告号的申请人的实质审查费用。这种机关的名录可以在 JPO 网站上查询：[EB/OL].［2013 - 11 - 30］. http：//www. jpo. go. jp/torikumi/t_ torikumi/pdf/tokuteitouroku_ 01/file05. pdf.

日方代理人的收费为 5 万 ~ 6 万日元（约合人民币 3039 ~ 3647 元）。也就是说，每次答复审查意见，日方代理人的收费一般在 12 万日元（约合人民币 7293 元）以上❶。而且，随着权利要求数增加，或者对比文件数增加，该数额还会增加。

例如，中小规模的事务所就有下面的报价。

① 制作意见陈述书

基本费用为 65000 日元（约合人民币 3951 元）；从第 2 项权利要求开始，每增加 1 项权利要求，费用将会增加 3400 日元（约合人民币 207 元）；审查意见中引用的对比文件从第 2 篇开始，每增加 1 篇，费用将会增加 6500 日元（约合人民币 395 元）。

例如，对于权利要求 5 项、对比文件 3 篇的申请，具体报价如下：

$65000 + 3400 \times (5 - 1) + 6500 \times (3 - 1) = 91600$ 日元（约合人民币 5567 元）

② 制作申请文件的修改文本

基本费用为 65000 日元（约合人民币 3951 元）；与原权利要求数相比，每增加 1 项权利要求，费用将会增加 10000 日元（约合人民币 608 元）。

例如，对于新增加 1 项权利要求的修改文本，具体报价如下：

$65000 + 10000 \times 1 = 75000$ 日元（约合人民币 4558 元）

另外，中国申请人在答复期间可以提出延期请求，延期 1 个月的官费是 2100 日元（约合人民币 128 元），最多可以延期 3 个月。请求延期的代理费一般每次为约 2000 ~ 3000 日元（约合人民币 122 ~ 182 元）。

6. 复审

（1）官费

复审的官费也与请求复审时的权利要求数密切相关。具体计算方法是：49500 日元 +（权利要求数 ×5500 日元）（约合人民币 3009 元 +（权利要求数 ×334 元））。

（2）代理费

该阶段的代理费可参照实质审查阶段的代理费，但是由于案情比较疑难复杂，因此费用会相应增加。前述日本代理人协会 2009 年的调查显示，对于 1 项权利要求的复审请求，26% 的日方代理人的收费为 18 万 ~ 20 万日元（约合人民币 10940 ~ 12156 元），24% 的日方代理人的收费为 20 万 ~ 25 万日元（约合人民币 12156 ~ 15195 元）。

还以前述中小规模事务所为例，其报价如下。

① 制作复审请求书

基本费用为 22 万日元（约合人民币 133171 元）；从第 2 项权利要求开始，每增加 1 项权利要求，费用将会增加 7000 日元（约合人民币 425 元）。

② 制作申请文件的修改文本

基本费用为 65000 日元（约合人民币 3951 元）；与原权利要求数相比，每增加 1 项权利要求，费用将会增加 10000 日元（约合人民币 608 元）。

此外，在复审过程中，可能还会发出其他的审查意见。针对这些审查意见，代理

---

❶ 广濑隆行. 知识产权入门 [M]. 东京：东京化学同人，2005：40.

费可以参照实质审查阶段的代理费，但费率肯定会比实质审查阶段的稍高一些。

7. 年费

发明专利获得授权后，需要每年定期向 JPO 缴纳年费，JPO 的年费费率如表 9 - 1 所示。

表 9 - 1　日本专利年费官费一览表

期限	项目	日元	人民币
1 ~ 3 年	基本费	2100	128
	每项权利要求的附加费	200	12
4 ~ 6 年	基本费	6400	389
	每项权利要求的附加费	500	30
7 ~ 9 年	基本费	19300	1173
	每项权利要求的附加费	1500	91
10 ~ 25 年❶	基本费	55400	3367
	每项权利要求的附加费	4300	261

8. 行政诉讼

对审判部的复审决定不服，在提出行政诉讼时，需要向法院缴纳 13000 或 26000 日元（约合人民币 790 元或 1580 元）的费用。律师的代理费同样一般采用按有效工作时间计费。根据诉讼内容的难易程度、对比文件的数目、与本发明的接近程度、律师和代理人的选用等情况，具体数额将会变动很大，一般为数百万日元。

9. 早期审查制度和超早期审查制度

在应用这两种制度时，JPO 不收取任何费用。但是日方代理人需要准备相关文件，特别是对于中国申请人而言，证明文件可能还需要翻译、公证、认证，手续相对比较烦琐，因此，代理费一般高于 2 万日元（约合人民币 1216 元）。

10. 发明专利申请和实用新型专利申请相互变更

（1）将发明专利申请变更为实用新型专利申请

这种变更本身没有任何官费，但是，申请人必须补交该实用新型专利申请所需缴纳的全部官费。同时，代理费也基本按照实用新型专利新申请的代理费收取，一般为 25 万日元（约合人民币 15195 元）以上。

（2）将实用新型专利申请变更为发明专利申请

同样，这种变更本身没有任何官费，但是，申请人必须补交该发明专利申请所需缴纳的全部官费。同时，代理费也基本按照发明专利新申请的代理费收取，一般为 50

---

❶　根据日本特许法的规定，发明专利的保护期限是 20 年，但是对于涉及药品等的专利，经过审批最长可以获得 5 年的延长保护，因此，此处出现 25 年。

万日元（约合人民币 30389 元）以上。

二、总体费用

与前述美国等国家一样，上面仅介绍了一般申请中大多会发生的费用。除此以外，每件申请还可能会发生诸如打字、复印、邮寄等杂费。另外还可能会发生如对比文件的获取和翻译、转送各种官方文件、权利要求的主动修改、时限提醒等其他费用。

整体而言，申请费用的多少主要决定于案件的技术领域以及复杂程度，如果所需翻译文件多，或者属于撰写难度大、需多次实质性答复审查意见、修改权利要求、与审查员电话会晤等疑难复杂的案件，相关费用会大幅增加。因此，建议尽量委托对日本专利制度比较了解的国内事务所进行代理，这样尽量保证准备的申请文件完善、翻译质量高，在后续程序中减少答复和补正次数，如此费用会减少很多。

第三节　日本专利申请的费用优惠

由前面的内容可以看出，在日本提交发明专利申请时所需的费用不菲，对申请人，尤其是个人申请人和中小企业是不小的负担。为了真正实现特许法的立法本意，JPO 还设置了诸多费用返还和费用减免的措施。此外，各个地方政府和其他组织也设置了负担部分专利申请费用的措施，用以援助申请人提交专利申请。下面详细介绍这些措施的具体内容。

一、实质审查费用返还制度

发明专利申请在提交实质审查请求后，认为获得专利权的必要性低，或者认为该申请没有可专利性时，在 JPO 开始着手进行审查以前，申请人可以撤回或者放弃申请，在要求撤回或放弃该申请之日起 6 个月内可以提出申请，要求 JPO 返还一半已经交纳的实质审查费用的制度。

具体而言，申请人提出"撤回申请请求书"和"放弃申请请求书"的时间是前述"JPO 开始着手进行审查以前"，即提交实审请求后，收到下述任一通知书之前：

（1）审查意见通知书（日本特许法第 50 条）；

（2）授权通知书（日本特许法第 52 条第 2 款）；

（3）违反说明书中应公开现有技术文献义务的通知书（日本特许法第 48 条之七）；

（4）同日提交的两个专利申请就申请人的确定进行协商的指令（日本特许法第 39 条第 7 款）。

对于中国申请人而言，如果需要，完全可以利用该项制度。

二、实质审查费用的减免

1. 以个人或法人为对象的减免措施

满足下述必要条件的个人或法人，对以自己名义提交的发明专利申请，在请求实质审查时，能够减少或免除实审费用，在获得授权时，能够减少或免除部分年费。

（1）申请人为个人时，满足下述任一条件，即可获得实审费用和年费的减免：

① 接受生活保护法扶助的个人，可以免除全部实质审查费用和 1～3 年的年费，减收 4～10 年年费的一半；

② 不征收市民村民税的个人，可以免除全部实质审查费用和 1～3 年的年费，减收 4～10 年年费的一半；

③ 不征收所得税的个人，可以减收一半实质审查费用和 1～10 年年费；

④ 不征收事业税的个人，可以减收一半实质审查费用和 1～10 年年费；

⑤ 开始事业后未满 10 年的个人，可以减收一半实质审查费用和 1～10 年年费。

此项制度同样适用于中国人申请人。对应于上述各个条件，中国的个人申请人需要满足下述条件：

① 不征收市民村民税的个人→各种所得总计小于 150 万日元的个人；

② 不征收所得税的个人→各种所得合计小于 250 万日元的个人；

③ 不征收事业税的个人→不动产所得和事业所得合计小于 290 万日元的个人。

（2）申请人为法人时，满足下述全部条件，可减收一半实质审查费用和 1～10 年年费：

① 资本金在 3 亿日元以下；

② 不征收法人税或设立未满 10 年；

③ 不受其他法人支配。

此项制度同样适用于中国法人。但是，关于日本法人的"不征收法人税"的条件，对中国法人而言替换为"没有所得"，即由营业收益的总额扣除营业费用总额后的数额为 0 日元以下。

2. 以研究开发型中小企业为对象的减免措施

满足下述所有必要条件的个人或法人，对以自己名义提交的发明专利申请，在请求实质审查时，能够减收一半实质审查费用和 1～10 年年费。

（1）当申请人为个人（事业主）时，从业人员总数根据不同行业类型满足的从业人员数要件以及满足的研究开发要件如表 9－2 所示。

（2）当申请人为法人时，资本金或出资额度根据不同行业满足的资本金/出资总额要件、从业人员总数根据行业类型满足的从业人员数要件，以及同时满足的研究开发要件如表 9－3 所示。

表9-2 申请人为个人（事业主）时需要满足的各项要件一览表

从业人员数要件	
	① 制造业、建设业、运输业及其他行业（2~5除外）：300人以下
	② 零售业：50人以下
	③ 批发业或服务业（软件业和信息处理服务业除外）：100人以下
	④ 旅馆业：200人以下
	⑤ 橡胶产品制造业（汽车或飞机用轮胎和管的制造业以及工业用皮带的制造业除外）：900人以下
研究开发要件	需要满足下述条件①和条件②中的任意一项
	① 申请人的试验研究费用等的比率超过收入金额的3%。 在提交实质审查请求时如果难以提供上述试验研究费用等的比率相关证明文件的话，也可以替换为"专职研究人员为2人以上，且该研究人员的人数为事业主和从业人员总数的1/10以上"
	② 基于《中小企业新事业活动促进法》等的认定事业的申请。 对于该条件，有下述5种情形： （i）该发明是利用"中小企业技术革新支援制度（SBIR）"的特定辅助金进行研究开发的新技术成果； （ii）该发明是用于依照"承认经营革新计划"进行经营革新的技术成果； （iii）该发明是依照"认定不同领域联合新事业领域开拓计划"进行的不同领域联合新事业领域开拓的技术成果； （iv）该发明是依照"中小企业制造高度化法"进行的特定研究开发等的成果； （v）该发明是依照"旧促进中小企业创造事业活动的临时措施法（旧创造法）"认定的"研究开发等事业计划"进行的研究开发等的成果

表9-3 申请人为法人时需要满足的各项要件一览表

从业人员数要件	
	① 制造业、建设业、运输业及其他行业（2~5除外）：300人以下
	② 零售业：50人以下
	③ 批发业或服务业（软件业和信息处理服务业除外）：100人以下
	④ 旅馆业：200人以下
	⑤ 橡胶产品制造业（汽车或飞机用轮胎和管的制造业以及工业用皮带的制造业除外）：900人以下
资本金/出资 总额要件	

续表

	① 制造业、建设业、运输业及其他行业（2～3 除外）：3 亿日元以下
	② 零售业或服务业（软件业和信息处理服务业除外）：5000 万以下
	③批发业：1 亿日元以下
研究开发要件	需要满足下述条件①和条件②中的任意一项
	① 申请人的试验研究费用等的比率超过收入金额的 3%。 在提交实质审查请求时如果难以提供上述试验研究费用等的比率相关证明文件的话，也可以替换为"专职研究人员为 2 人以上，且该研究人员的人数为事业主和从业人员总数的 1/10 以上"
	② 基于《中小企业新事业活动促进法》等的认定事业的申请。 对于该条件，有下述 5 种情形： （i）该发明是利用"中小企业技术革新支援制度"的特定辅助金进行研究开发的新技术成果； （ii）该发明是用于依照"承认经营革新计划"进行经营革新的技术成果； （iii）该发明是依照"认定不同领域联合新事业领域开拓计划"进行的不同领域联合新事业领域开拓的技术成果； （iv）该发明是依照"中小企业制造高度化法"进行的特定研究开发等的成果； （v）该发明是依照"旧促进中小企业创造事业活动的临时措施法（旧创造法）"认定的"研究开发等事业计划"进行的研究开发等的成果

如果中国中小企业满足研究开发费等比率超过 3% 的要件，也可以适用该制度。

3. 以大学研究人员❶和大学为对象的减免措施

分别满足下述条件（1）～（7）的大学研究人员或者大学，对以自己名义提交的发明专利申请，在请求实质审查时，能够减收一半实质审查费用和 1～10 年年费。

（1）大学的研究人员（发明人）

在该发明是职务发明的情况下，可以申请减少实质审查费用和 1～10 年年费。

（2）受继了大学研究人员完成的职务发明的大学

在满足下述条件①和②的情况下，可以申请减少实质审查费用和 1～10 年年费。

① 该发明是大学研究人员完成的职务发明。

② 该大学受继了该发明。

（3）受继了大学研究人员在以前的研究机构完成的职务发明的大学

在全部满足下述条件①～③的情况下，可以申请减少实质审查费用和 1～10 年年费。

① 该发明是大学研究人员在以前的研究机构完成的职务发明。

---

❶ "研究人员"仅指专门从事研究的人员。

② 大学研究人员现在供职于该大学。

③ 该大学受继了该发明。

（4）受继了大学研究人员与他人的共同发明的大学

在全部满足下述条件①～③的情况下，可以申请减少实质审查费用和1～10年年费。

① 该发明是大学研究人员与他人共同完成的。

② 该发明对大学研究人员而言是职务发明。

③ 该大学受继了该发明。

（5）受继了大学研究人员在以前的研究机构完成、与他人的共同发明的大学

在全部满足下述条件①～④的情况下，可以申请减少实质审查费用和1～10年年费。

① 该发明是大学研究人员与他人共同完成的。

② 该发明是大学研究人员在以前的研究机构完成的职务发明。

③ 大学研究人员现在供职于该大学。

④ 该大学受继了该发明。

（6）受继了与大学研究人员完成的职务发明密切相关的发明的大学

在满足下述条件①和②的情况下，可以申请减少实质审查费用和1～10年年费。

① 该发明与大学研究人员完成的职务发明密切相关是指下述（i）～（iii）中任意一项：

（i）该发明在大学研究人员的职务发明的原始说明书中作为文献公知发明而被记载；

（ii）该发明在原始说明书中作为文献公知发明记载有大学研究人员的职务发明；

（iii）是大学进行的共同试验研究或大学委托外部机构的试验研究中产生的研究成果。

② 该大学受继了该发明。

（7）受继了与大学研究人员在以前的研究机构完成的职务发明密切相关的发明的大学

在全部满足下述条件①～③的情况下，可以申请减少实质审查费用和1～10年年费。

① 该发明与大学研究人员在以前的研究机构完成的职务发明密切相关是指下述（i）或（ii）：

（i）该发明在大学研究人员于以前的研究机构完成的职务发明的原始说明书中作为文献公知发明而被记载；

（ii）该发明在原始说明书中作为文献公知发明记载有大学研究人员于以前的研究机构完成的职务发明。

② 大学研究人员现在供职于该大学。

③ 该大学受继了该发明。

中国大学在提交能够证明属于"产业技术力强化法"规定的"大学"的文件后，也可适用该制度。

4. 以试验研究独立行政法人为对象的减免措施

"试验研究独立行政法人"是由《产业技术力强化法施行令》规定的具体独立行政法人。

满足下述条件（1）～（6）中任意一项的试验研究独立行政法人，对以自己名义提交的发明专利申请，在请求实质审查时，能够减收一半实质审查费用和 1～10 年年费。

（1）受继了试验研究独立行政法人研究人员完成的职务发明的试验研究独立行政法人

在满足下述条件①和②的情况下，可以申请减少实质审查费用和 1～10 年年费。

① 该发明是试验研究独立行政法人的研究人员完成的职务发明。

② 该试验研究独立行政法人受继了该发明。

（2）受继了试验研究独立行政法人研究人员在以前的研究机构完成的职务发明的试验研究独立行政法人

在全部满足下述条件①～③的情况下，可以申请减少实质审查费用和 1～10 年年费。

① 该发明是试验研究独立行政法人研究人员在以前的研究机构完成的职务发明。

② 试验研究独立行政法人研究人员现在供职于该试验研究独立行政法人。

③ 该试验研究独立行政法人受继了该发明。

（3）受继了试验研究独立行政法人研究人员与他人的共同发明的试验研究独立行政法人

在全部满足下述条件①～③的情况下，可以申请减少实质审查费用和 1～10 年年费。

① 该发明是试验研究独立行政法人研究人员与他人共同完成的发明。

② 该发明对试验研究独立行政法人研究人员而言是职务发明。

③ 该试验研究独立行政法人受继了该发明。

（4）受继了试验研究独立行政法人研究人员在以前的研究机构完成、与他人的共同发明的试验研究独立行政法人

在全部满足下述条件①～④的情况下，可以申请减少实质审查费用和 1～10 年年费。

① 该发明是试验研究独立行政法人研究人员与他人共同完成的发明。

② 该发明是试验研究独立行政法人研究人员在以前的研究机构完成的职务发明。

③ 试验研究独立行政法人研究人员现在供职于该试验研究独立行政法人。

④ 该试验研究独立行政法人受继了该发明。

（5）受继了与试验研究独立行政法人研究人员完成的职务发明密切相关的发明的试验研究独立行政法人

在满足下述条件①和②的情况下，可以申请减少实质审查费用和 1～10 年年费。

① 该发明与试验研究独立行政法人研究人员完成的职务发明密切相关是指下述（i）～（iii）中任意一项：

（i）该发明在试验研究独立行政法人研究人员的职务发明的原始说明书中作为文献公知发明而被记载；

（ii）该发明在原始说明书中作为文献公知发明记载有试验研究独立行政法人研究人员的职务发明；

（iii）是试验研究独立行政法人进行的共同试验研究或试验研究独立行政法人委托外部机构的试验研究中产生的研究成果。

② 该试验研究独立行政法人受继了该发明。

（6）受继了与试验研究独立行政法人研究人员在以前的研究机构完成的职务发明密切相关的发明的试验研究独立行政法人

在全部满足下述条件①～③的情况下，可以申请减少实质审查费用和 1～10 年年费。

① 该发明与试验研究独立行政法人研究人员在以前的研究机构完成的职务发明密切相关是指下述（i）或（ii）：

（i）该发明在试验研究独立行政法人研究人员于以前的研究机构完成的职务发明的原始说明书中作为文献公知发明而被记载；

（ii）该发明在原始说明书中作为文献公知发明记载有试验研究独立行政法人研究人员于以前的研究机构完成的职务发明。

② 试验研究独立行政法人研究人员现在供职于该试验研究独立行政法人。

③ 该试验研究独立行政法人受继了该发明。

由于"试验研究独立行政法人"一般是由行政法令指定的具体法人，因此外国科研机构一般不能适用该制度。

5. 以公设试验研究机构为对象的减免措施

"公设试验研究机构"是指进行试验研究业务、由地方公共团体设置的试验所、研究所及其他没有法人资格的机构（公立大学除外）。

满足下述条件（1）～（6）中任意一项的公设试验研究机构，对以自己名义提交的发明专利申请，在请求实质审查时，能够减收一半实质审查费用和 1～10 年年费。

（1）受继了公设试验研究机构研究人员完成的职务发明的公设试验研究机构

在全部满足下述条件①和②的情况下，可以申请减少实质审查费用和 1～10 年年费。

① 该发明是公设试验研究机构的研究人员完成的职务发明。

② 该公设试验研究机构受继了该发明。

（2）受继了公设试验研究机构研究人员在以前的研究机构完成的职务发明的公设试验研究机构

在全部满足下述条件①～③的情况下，可以申请减少实质审查费用和 1～10 年年费。

① 该发明是公设试验研究机构研究人员在以前的研究机构完成的职务发明。

② 公设试验研究机构研究人员现在供职于该公设试验研究机构。

③ 该公设试验研究机构受继了该发明。

（3）受继了公设试验研究机构研究人员与他人的共同发明的公设试验研究机构

在全部满足下述条件①～③的情况下，可以申请减少实质审查费用和 1～10 年年费。

① 该发明是公设试验研究机构研究人员与他人共同完成的发明。

② 该发明对公设试验研究机构研究人员而言是职务发明。

③ 该公设试验研究机构受继了该发明。

（4）受继了公设试验研究机构研究人员在以前的研究机构完成、与他人的共同发明的公设试验研究机构

在全部满足下述条件①～④的情况下，可以申请减少实质审查费用和 1～10 年年费。

① 该发明是公设试验研究机构研究人员与他人共同完成的发明。

② 该发明是公设试验研究机构研究人员在以前的研究机构完成的职务发明。

③ 公设试验研究机构研究人员现在供职于该公设试验研究机构。

④ 该公设试验研究机构受继了该发明。

（5）受继了与公设试验研究机构研究人员完成的职务发明密切相关的发明的公设试验研究机构

在满足下述条件①和②的情况下，可以申请减少实质审查费用和 1～10 年年费。

① 该发明与公设试验研究机构研究人员完成的职务发明密切相关是指下述（i）～（iii）中任意一项：

（i）该发明在公设试验研究机构研究人员的职务发明的原始说明书中作为文献公知发明而被记载；

（ii）该发明在原始说明书中作为文献公知发明记载有公设试验研究机构研究人员的职务发明；

（iii）是公设试验研究机构进行的共同试验研究或公设试验研究机构委托外部机构的试验研究中产生的研究成果。

② 该公设试验研究机构受继了该发明。

（6）受继了与公设试验研究机构研究人员在以前的研究机构完成的职务发明密切相关的发明的公设试验研究机构

在全部满足下述条件①～③的情况下，可以申请减少实质审查费用和 1～10 年年费。

① 该发明与公设试验研究机构研究人员在以前的研究机构完成的职务发明密切相关是指下述（i）或（ii）：

（i）该发明在公设试验研究机构研究人员于以前的研究机构完成的职务发明的原始说明书中作为文献公知发明而被记载。

（ii）该发明在原始说明书中作为文献公知发明记载有公设试验研究机构研究人员于以前的研究机构完成的职务发明。

② 公设试验研究机构研究人员现在供职于该公设试验研究机构。

③ 该公设试验研究机构受继了该发明。

6. 以试验研究地方独立行政法人为对象的减免措施

"试验研究地方独立行政法人"是指进行试验研究业务、地方独立行政法人法第 2 条第 1 款规定的地方独立行政法人（公立大学除外）。

满足下述条件（1）～（6）中任意一项的地方独立行政法人，对以自己名义提交的发明专利申请，在请求实质审查时，能够减收一半实质审查费用和 1～10 年年费。

（1）受继了地方独立行政法人研究人员完成的职务发明的地方独立行政法人

在全部满足下述条件①和②的情况下，可以申请减少实质审查费用和 1～10 年年费。

① 该发明是地方独立行政法人的研究人员完成的职务发明。

② 该地方独立行政法人受继了该发明。

（2）受继了地方独立行政法人研究人员在以前的研究机构完成的职务发明的地方独立行政法人

在全部满足下述条件①～③的情况下，可以申请减少实质审查费用和 1～10 年年费。

① 该发明是地方独立行政法人研究人员在以前的研究机构完成的职务发明。

② 地方独立行政法人研究人员现在供职于该地方独立行政法人。

③ 该地方独立行政法人受继了该发明。

（3）受继了地方独立行政法人研究人员与他人的共同发明的地方独立行政法人

在全部满足下述条件①～③的情况下，可以申请减少实质审查费用和 1～10 年年费。

① 该发明是地方独立行政法人研究人员与他人共同完成的发明。

② 该发明对地方独立行政法人研究人员而言是职务发明。

③ 该地方独立行政法人受继了该发明。

（4）受继了地方独立行政法人研究人员在以前的研究机构完成、与他人的共同发明的地方独立行政法人

在全部满足下述条件①～④的情况下，可以申请减少实质审查费用和 1～10 年年费。

① 该发明是地方独立行政法人研究人员与他人共同完成的发明。

② 该发明是地方独立行政法人研究人员在以前的研究机构完成的职务发明。

③ 地方独立行政法人研究人员现在供职于该地方独立行政法人。

④ 该地方独立行政法人受继了该发明。

（5）受继了与地方独立行政法人研究人员完成的职务发明密切相关的发明的地方独立行政法人

在满足下述条件①和②的情况下，可以申请减少实质审查费用和 1～10 年年费。

① 该发明与地方独立行政法人研究人员完成的职务发明密切相关是指下述（i）~
（iii）中任意一项：

（i）该发明在地方独立行政法人研究人员的职务发明的原始说明书中作为文献公
知发明而被记载；

（ii）该发明在原始说明书中作为文献公知发明记载有地方独立行政法人研究人员
的职务发明；

（iii）是地方独立行政法人进行的共同试验研究或地方独立行政法人委托外部机构
的试验研究中产生的研究成果。

② 该地方独立行政法人受继了该发明。

（6）受继了与地方独立行政法人研究人员在以前的研究机构完成的职务发明密切
相关的发明的地方独立行政法人

在全部满足下述条件①~③的情况下，可以申请减少实质审查费用和 1~10 年
年费。

① 该发明与地方独立行政法人研究人员在以前的研究机构完成的职务发明密切相
关是指下述（i）或（ii）：

（i）该发明在地方独立行政法人研究人员于以前的研究机构完成的职务发明的原
始说明书中作为文献公知发明而被记载；

（ii）该发明在原始说明书中作为文献公知发明记载有地方独立行政法人研究人员
于以前的研究机构完成的职务发明。

② 地方独立行政法人研究人员现在供职于该地方独立行政法人。

③ 该地方独立行政法人受继了该发明。

三、地方政府和其他组织对专利申请的援助

为了推进中小企业、大学、研究机构等的研究成果获得专利权，日本的很多地方
政府以及组织均有援助它们进行专利申请（包括外国申请）过程中的官费和代理费的
措施。例如，东京都❶、科学技术振兴机构❷在 2012 年均公开了相关措施的具体实施方
案。但是，这些措施一般仅限于援助日本的中小企业、大学和研究机构，因而并不适
用于中国申请人。

第四节　在日本申请专利时的费用节省策略

一、可直接提交外文文本

如前所述，JPO 受理外文（例如中文或英文）文本的申请文件，因此，为了避免

---

❶　[EB/OL]．（2013 - 11 - 25）．http：//www. metro. tokyo. jp/INET/BOSHU/2012/08/22m82100. htm.

❷　[EB/OL]．（2016 - 10 - 07）．http：//www. jst. go. jp/chizai/pat/p_ s_ 03etc. html.

数额庞大的翻译加急费，尽管申请的官费稍有增加，但是在需要的情况下，也可以先向 JPO 提交外文（例如中文或英文）申请文件，然后在规定期限内补交日文译文。

二、尽可能减少权利要求数

如前节所述，在专利的整个审查和复审过程中，官费和代理费与权利要求数密切相关。

申请人可能会担心，减少权利要求数是否会影响授权后权利的稳定性。其实，根据日本特许法的规定，大可不必有这种担心。这是因为日本在授权后申请人还有修改权利要求的机会，即通过"订正审判程序"可以修改授权后的权利要求。利用该"订正审判程序"，专利权人可以基于说明书记载的内容对权利要求进行缩减式修改，由此保障授权后专利权的稳定性。

三、对于没有授权前景的案件尽早放弃

据 2014 年 3 月 11 日的"日本经济新闻"报道❶，目前日本的审查速度快于美国，但慢于中国和韩国。也就是说，日本的申请进行实质审查时，该申请的同族申请在其他国家很可能已经有了审查意见或决定。根据这些审查意见或决定，申请人认为本申请的授权前景很小时，可以尽快放弃该申请。而且，如果主动提出放弃申请，还可以利用实质审查费用返还制度，要求返还 1/2 实质审查费。

四、考虑将发明专利申请变更为实用新型专利申请

如前节介绍，在日本可以将发明专利申请变更为实用新型专利申请，而且日本的实用新型专利申请采用无实质审查制度。因此，在收到针对发明专利申请的驳回决定后，申请人认为该发明专利申请的授权前景渺茫，或者即使授权，保护范围也非常狭窄时，可以考虑在规定期限内将其变更为实用新型专利申请，以便获得实用新型专利授权。

---

❶ ［EB/OL］.（2013－11－25）. http：//www. nikkei. com/article/DGXNASGC11002_ R10C14A3MM0000/.

第十章

韩　国

　　韩国是 20 国集团和经合组织成员之一，也是亚太经合组织（APEC）和东亚峰会的创始国，亦是亚洲四小龙之一。由于经济的强劲，韩国逐渐成为我国的重要贸易伙伴。伴随于此，中国申请人在韩国的专利申请量和授权量也在大幅增加。据统计，中国人在韩国的发明专利申请量已由 2009 年的 426 件上升到 2012 年的 982 件；发明专利授权量也已从 2009 年的 123 件猛增到 2011 年的 1108 件❶。

　　鉴于在韩国提交专利申请的重要性，本章主要介绍在韩国申请专利时的成本。与前述各章节相同，本章先介绍韩国的发明专利审查程序、获得专利权所需费用、费用的返还和减免等内容，最后基于上述内容对中国申请人向韩国申请专利时在节省各项费用方面提出一些建议。

第一节　韩国专利申请程序

一、专利申请进入韩国的 3 种途径

　　一般而言，中国申请人在韩国获得专利权，一般有下述 3 种途径：

（1）通过 PCT 途径进入韩国国家阶段；

（2）通过《巴黎公约》，要求优先权提交韩国申请；

（3）直接向韩国知识产权局（KIPO）提交专利申请。

二、韩国专利申请程序简介

　　图 10 - 1❷是在韩国获得发明专利权的基本流程图。

---

❶　韩国知识产权局 2009 年年报、2011 年年报和 2012 年年报。

❷　朴钟和. 韩国专利申请的留意点［J］. Patent, 2013, 66（4）：32 - 42.

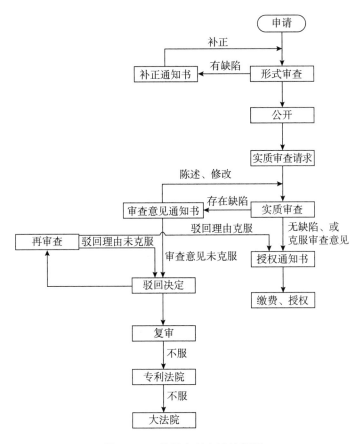

图 10 - 1　韩国专利申请流程图

1. 提交申请

为了获得专利权，在申请时，申请人需要向 KIPO 提交必要的申请文件，例如请求书、说明书、摘要以及附图等。在韩国，权利要求书并不是一个独立的申请文件，而仅是说明书的一部分。

在向 KIPO 提交上述文件时，需要注意以下 3 个问题。

（1）PCT 国际申请进入韩国国家阶段时，必须自优先权日起 31 个月提交说明书等全部文件的韩文译文。

（2）PCT 国际申请进入韩国国家阶段时，如果出现翻译错误，几乎没有修改的机会。同样，通过《巴黎公约》提交的申请，也不能基于优先权文本修改说明书等申请文件。因此，在翻译相关申请文件时，一定要谨慎、细心。

（3）在申请日提交的申请文件中，可以不包括权利要求书部分。申请后，自申请日（要求优先权时，自最早的优先权日）起 1 年 6 个月，或者收到第三人已提出实审请求的通知书之日起 3 个月，二者中最早的期限届满前，申请人可以补交权利要求书。该期限届满前未提交权利要求书的，该申请将被视为撤回。

2. 形式审查

在申请人提交专利申请后，KIPO 会对申请文件进行形式审查。如果审查员发现申请文件存在形式缺陷，将会发出补正通知书。申请人应当在规定期间内，进行补正。期满未补正或者补正不合格的，该申请将不予受理。

3. 申请公开

申请日（要求优先权的，自优先权日）起 18 个月，相关申请文件将被公开。申请人提出申请的话，也可以提前公开发明的内容。

4. 实审请求

申请日（有优先权的，自优先权日）起 5 年内，任何人（申请人或第三人）可对该申请提出实质审查请求。期满未提交实质审查请求的，视为未提出专利申请。

5. 实质审查

依照申请人提出的实质审查请求，KIPO 对发明专利申请的专利性进行实质审查。KIPO 认为该申请具有专利性时，将直接授予专利权。KIPO 认为该申请存在不能授权的缺陷时，将发出审查意见通知书。针对该审查意见通知书，申请人可以进行答辩和/或修改。

答复审查意见通知书的时间每次一般为 2 个月。此外，该答复时间最多还可以延长 4 次，最长延迟 4 个月。具体而言，可以一次申请延期 4 个月；也可以每次申请延期 1 个月，最多申请 4 次；还可以 1 次或多次申请，总计延长 2~4 个月。

KIPO 认为申请人提交的答辩和/或修改克服了审查意见通知书指出的缺陷且不存在其他缺陷时，将发出授权通知书。KIPO 认为申请人提交的答辩和/或修改仍然没有克服所指出的缺陷时，将发出驳回决定。

6. 再审查与复审

针对上述驳回决定，申请人可以在收到驳回决定之日起 30 天（对于中国申请人而言，可以申请延期 2 个月）内提出再审查请求或复审请求。但是，二者只能选择一个。

（1）再审查请求

再审查与目前中国或日本的前置审查类似。在提出再审查请求时，申请人必须对说明书、权利要求书或者附图等申请文件进行修改（此处的修改可以仅是形式修改，即并不修改实质内容），在修改后的申请文件的基础上由原审查员再次对本申请进行审查。再审查请求仅可提出一次，亦即仅可针对第一次驳回决定提出。

经过再审查，KIPO 认为以前的缺陷没有被克服的，将会立刻再次发出驳回决定；认为以前的缺陷被克服但又发现新的缺陷时，将会发出新的审查意见通知书；认为以前的缺陷被克服且无新的缺陷时，将会发出授权通知书。

（2）复审请求

针对 KIPO 发出的驳回决定（包括第一次驳回决定和再审查后的驳回决定），申请人可以向审判院（类似于中国的专利复审委员会）提出复审请求。在提交复审请求时，需要注意的是不能对说明书、附图等申请文件进行修改。

复审仅审查驳回决定的理由是否成立。经过复审，审判院认为驳回决定正确的，将发出维持驳回决定的复审决定；审判院认为驳回决定的理由不正确的，将撤销驳回决定，由原审查员继续进行审查。

7. 行政诉讼

申请人不服审判院作出的不利于自己的复审决定时，可以向专利法院提起诉讼（专属管辖），要求撤销上述复审决定。申请人对于专利法院作出的不利于自己的判决，可以向韩国大法院提起上诉。

三、韩国专利申请特色程序

1. 优先审查制度

据 2012 年 KIPO 年报统计，2012 年，对于发明专利申请而言，从实质审查请求日到发出第一次审查意见通知书的时间约为 14.8 个月。对于部分希望尽快进行审查的申请，韩国专利法第 61 条规定了优先审查制度，即满足下述条件之一的申请可以优先进行审查，一般在申请优先审查后 2~3 个月内进行审查。

（1）公开后他人正在实施的申请；

（2）总统规定的作为专利申请需要紧急处理的申请。

韩国专利法施行条令第 9 条对上述"总统规定的作为专利申请需要紧急处理的申请"进行了进一步明确，其包括：

① 国防领域的申请；

② 与绿色环保技术直接相关的发明专利申请；

③ 与促进出口直接相关的发明专利申请；

④ 与国家或地方自治团体的职务相关的发明专利申请；

⑤ 中小企业或风险企业的发明专利申请；

⑥ 与国家新技术开发认证的发明相关的发明专利申请；

⑦ 成为优先权基础的发明专利申请（必须基于该申请向国外提交了专利申请）；

⑧ 申请人正在实施或者正在准备实施的发明专利申请；

⑨ 与电子银行相关的发明专利申请；

⑩ PPH 和 PCT – PPH 发明专利申请；

⑪ 向韩国专利情报院等 KIPO 指定的专门机关提出检索现有技术的请求，并要求该机关将检索结果提供给 KIPO 的发明专利申请。

根据目前的实务操作，中国申请人至少对满足上述（1），（2）②、③、⑧、⑨、⑩或⑪的申请可以请求优先审查。

2. 实质审查延期审查制度

与优先审查相反，申请人当希望推迟实质审查时间时，依据专利实施规则第 40 条之三❶的规定，可以在请求实质审查时或审查请求日后 9 个月之内提交审查延期申请

---

❶ "专利实施规则第 40 条之三"是介于专利实施规则第 40 条和第 41 条之间的一个单独法条，并不是第 40 条第 3 款。

书。这样，可在申请人指定的希望审查时间点（实质审查请求日起 24 个月至申请日起 5 年内）起 3 个月内进行实质审查。延期审查请求在提交后 2 个月内可以变更或撤回。

3. 补偿性专利保护期延长制度

该制度是针对申请的审查期间过长而对申请人造成的损失进行补偿的专利保护期延长制度。具体而言，申请日起 4 年或者提出实质审查请求日起 3 年，以二者中较晚的日起算，专利审查期间进一步延迟，在获得授权后，依据申请人的请求，对于专利保护期，可以相应延长延迟的期间。

4. 实用新型专利制度

韩国的实用新型专利与发明专利一样，需经过实质审查后才能获得授权。申请日（有优先权的，自优先权日）起 3 年内，任何人（申请人或第三人）可对该实用新型专利提出实审请求。

实用新型专利的保护主体仅限于产品，而且对创造性的要求较低。另外，其保护期限为自申请日起算的 10 年。除此以外，其他与发明专利几乎相同。

另外，根据实用新型法第 10 条的规定，发明专利申请可以变更为实用新型专利申请。具体而言，在收到针对发明专利申请的第一次审查意见通知书之日起 30 天内，可以将发明专利申请变更为实用新型专利申请。

同样，根据专利法第 53 条的规定，实用新型专利申请也可以变更为发明专利申请。具体而言，在收到针对实用新型专利申请的第一次审查意见通知书之日起 30 天内，可以将实用新型专利申请变更为发明专利申请。

第二节　韩国专利申请费用

在韩国，为了获得专利权，除了必须向 KIPO 提交规定的文件以外，还必须支付 KIPO 规定的费用（以下简称"官费"❶）。此外，根据韩国专利法第 5 条的规定，中国申请人在韩国申请专利时，一般均会委托韩国专利代理人代为处理相关事宜。因此，在申请的过程中，申请人可能还需要承担韩国专利代理人的费用（以下简称"代理费"）。下面基于第一节介绍的审查程序，简单介绍在韩国获得专利权时所需的主要费用。

一、申请流程各个环节的官费和代理费

1. 提交申请

（1）官费

① 专利申请费

根据 KIPO 的规定，提交申请时需要缴纳申请费，具体如表 10 - 1 所示。

---

❶　KIPO 于 2014 年 3 月 1 日起执行新的官费标准，因此本文所涉及的官费费率均采用该新标准，具体数据来源于 KIPO 网站，参见 ［EB/OL］．http：//www.kipo.go.kr/kpo/user.tdf？a＝user.english.html.HtmlApp&c＝92004&catmenu＝ek03_04_01#a1。

表 10 - 1　韩国发明专利申请提交阶段费用一览表

专利申请费	韩元	人民币❶
电子申请	46000	279.3
纸件申请		
a. 基本费	66000	400.8
b. 说明书、附图和摘要总计超过 20 页时每页的附加费	1000	6.1

② 优先权费

根据 KIPO 的规定，在申请时要求优先权的，还需要缴纳优先权费，具体如表 10 - 2 所示。

表 10 - 2　韩国专利申请优先权费用一览表

	韩元	人民币
电子申请		
a. 基本费	18000	109.3
b. 优先权超过 1 个时每增加一个优先权的附加费	18000	109.3
纸件申请		
a. 基本费	20000	121.4
b. 优先权超过 1 个时每增加一个优先权的附加费	20000	121.4

（2）代理费

如果申请文件的撰写在中国国内完成，则韩方的代理费主要包括基本代理费、翻译费和打字费。中等规模的韩国专利事务所❷的基本代理费大致为 850 美元/件。翻译费一般为约 26 美元/100 英文单词。打字费一般为约 10 美元/页。

在要求优先权时，基本代理费为约 100 美元/件。当优选权超过 1 个时，每增加 1 个优先权的附加代理费约为 55 美元。

2. 形式审查

在该阶段一般没有官费发生。但是，如果出现补正通知书，韩方代理人为了答复该通知书，一般会发生官费和代理费。例如，向 KIPO 补交委托书需要缴纳 4000 韩元（约合人民币 24.3 元）的官费，和约 90 美元的代理费。

3. 申请公开

在该阶段一般没有官费发生。另外，如果申请人希望专利申请文件提前公开，韩

---

❶ 按 2014 年 7 月 1 日韩元对人民币汇率中间价 10000 韩元 = 60.72 元人民币计算，下同。
❷ 此处的 "中等规模事务所" 是指所内有 10 余名专利代理人的事务所。

方代理人需要制作并提交请求书。该项工作的代理费一般约为 100 美元。

4. 提交实质审查请求

（1）官费

向 KIPO 提交实质审查请求的官费与权利要求数密切相关，具体如下计算：

143000 韩元 + 权利要求数 × 44000 韩元

（约合人民币 868.3 元 + 权利要求数 × 267.2 元）

（2）代理费

相应地，该阶段的代理费一般也与权利要求数密切相关，具体如下计算：

110 美元 + （权利要求数 - 1）× 22 美元

5. 实质审查

（1）官费

在该阶段，如果答复审查意见通知，申请人对权利要求进行了修改，则可能会发生两部分官费。

① 提交补正书的费用

在以电子形式提交时，申请人需缴纳 4000 韩元（约合人民币 24.3 元）的官费。在以纸件提交时，需缴纳 14000 韩元（约合人民币 85.0 元）的官费。

② 权利要求数增加的费用

申请人修改后的权利要求书中增加的权利要求数超过了原权利要求数，新增加的每项权利要求需要缴纳 44000 韩元（约合人民币 267.2 元）的官费。

（2）代理费

该阶段的代理费一般按照有效工作时间计费，因而差异较大。完成一次审查意见的转达、答复意见和修改文本（如有）的提交，中等规模的事务所的收费大致为 800 ~ 1200 美元。而且，随着权利要求数增加，或者对比文件数增加，该数额还可能会增加。

另外，申请人在答复期间可以提出延期请求。在程序部分已经介绍了申请人最多可以要求 4 次延期，其官费分别为 1 次 20000 韩元（约合人民币 121.4 元）、2 次 30000 韩元（约合人民币 182.2 元）、3 次 60000 韩元（约合人民币 364.3 元）、4 次 120000 韩元（约合人民币 728.6 元）。每次延期请求的代理费约为 100 美元。

6. 年费

在收到授权通知书后，申请人需要一次性缴纳 1 ~ 3 年的年费，此后需要每年缴纳年费。

（1）官费

韩国专利年费如表 10 - 3 所示。

表 10 - 3　韩国专利年费官费一览表

期限	项目	韩元	人民币
1～3 年	基本费 每项权利要求的附加费	15000 13000	91.1 78.9
4～6 年	基本费 每项权利要求的附加费	40000 22000	242.9 133.6
7～9 年	基本费 每项权利要求的附加费	100000 38000	607.2 230.7
10～12 年	基本费 每项权利要求的附加费	240000 55000	1457.3 334.0
13～15 年	基本费 每项权利要求的附加费	360000 55000	2185.9 334.0
16～25 年	基本费 每项权利要求的附加费	360000 55000	2185.9 334.0

（2）代理费

每次缴纳年费的代理费约为 170 美元。

7. 再审查和复审

（1）官费

再审查与复审的官费均与请求复审时的权利要求数密切相关。具体计算方法分别如下。

① 再审查

100000 韩元 +（权利要求数 ×10000 韩元）

（约合人民币 607.2 元 + 权利要求数 ×60.7 元）

② 复审

（i）电子形式 150000 韩元 +（权利要求数 ×15000 韩元）

（约合人民币 910.8 元 + 权利要求数 ×91.1 元）

（ii）纸件形式 170000 韩元 +（权利要求数 ×15000 韩元）

（约合人民币 1032.2 元 + 权利要求数 ×91.1 元）

（2）代理费

该阶段的代理费可参照实质审查阶段的代理费。但是由于案情比较疑难、复杂，因此费用会相应增加。例如，前述中等规模的事务所，再审查阶段的代理费一般为 1800～2800 美元，而复审阶段的代理费一般为 2400～2900 美元。当然，随着权利要求数增加，或者对比文件数增加，该数额还可能会增加。

8. 行政诉讼

在诉讼的相关费用中，法院的手续费并不高，为几百美元。律师和专利代理人的费用则占了很大部分。关于代理费，目前有风险代理、按工作时间计费以及风险代理与按工作时间计费结合 3 种计费方式。对于中国申请人而言，多采用按工作时间计费的方式。具体的费用因案件的不同差异很大，一般为 9000 美元以上。

9. 优先审查

申请优先审查的官费为 200000 韩元（约合人民币 1214.4 元）

但是如果委托指定机关❶进行检索时，还要向该机关缴纳检索费。提交该申请的代理费为 100 美元以上。

10. 实质审查延期审查

申请实质审查延期审查不需要缴纳官费，仅提交申请即可。提交该申请的代理费为约 100 美元。

11. 发明专利和实用新型相互变更

（1）根据实用新型法第 10 条的规定，将发明专利申请变更为实用新型专利申请时，需要向 KIPO 缴纳变更费 38000 韩元（约合人民币 230.7 元），同时补交该实用新型专利新申请所需缴纳的全部官费。相应地，代理费也基本按照实用新型专利新申请的代理费（与发明专利几乎相同）收取。

（2）根据专利法第 53 条的规定，将实用新型专利申请变更为发明专利申请时，需要向 KIPO 缴纳变更费 17000 韩元（约合人民币 103.2 元），同时补缴该发明专利新申请所需交纳的全部官费。相应地，代理费也基本按照发明专利新申请的代理费收取。

二、总体费用

与前述美国、日本等国家一样，上面仅介绍了韩国一般申请中大多会发生的费用。除此以外，每件申请还可能会发生杂费。另外，还可能会发生如转送各种官方文件、时限提醒等其他费用。

整体而言，申请费用的多少主要决定于案件的技术领域以及复杂程度，如果所需翻译文件多，或者属于撰写难度大、需多次实质性答复审查意见、修改权利要求、与审查员电话会晤等疑难复杂的案件，相关费用会大幅增加。因此，建议尽量委托对韩国专利制度比较了解的国内事务所进行代理，这样尽量保证准备的申请文件完善、翻译质量高，在后续程序中减少答复和补正次数，则费用会减少很多。

第三节　韩国专利申请的费用优惠

为了真正实现专利法的立法本意，促进科学技术发展，KIPO 还设置了诸多费用减免的措施。下面简单介绍这些措施的具体内容。

---

❶ 例如韩国专利情报院，具体见前述"优先审查制度"的介绍部分。

一、专利法第 83 条的规定

韩国专利法第 83 条规定了官费的减免，具体规定如下。

（1）尽管有专利法第 79 条和第 82 条的规定，但在以下情况下 KIPO 局长可以免除官费：

① 属于国家的专利申请或专利权的官费；或

② 根据专利法第 133 条第 1 款、第 134 条第 1 款、第 2 款或第 137 条第 1 款，由审查员提出宣告无效请求的相关官费。

（2）尽管有专利法第 79 条和第 82 条的规定，但是当提交的专利申请涉及《国民基本生活保障法》第 5 条规定的领取权人，或者商业、工业和能源部条令规定的人的发明专利申请时，KIPO 局长可以减免商业、工业和能源部条令规定的费用以及授权后最初 3 年的专利权登记费。

（3）利用第（2）款规定的官费减免的人应当向 KIPO 局长提交商业、工业和能源部条令规定的文件。

二、专利费用等的征收规则第 7 条的规定

在专利费用等的征收规则中，第 7 条对上述减免措施进行了更具体、明确的规定，具体如下。

（1）当满足下述任一条件的人依据专利法、实用新型法或外观设计法进行申请、审查请求、权利登记时，对于每年分别 10 件以内的发明专利、实用新型专利、外观设计专利，免除其申请费、审查请求费、最初 3 年的专利权登记费。

①《国民基本生活保障法》第 2 条第 2 款规定的领取人（需提交证明其资格的文件）。

② 满足下述条件之一的人（需提交证明其资格的文件）：

（i）《对国家有功者礼遇和支援的法律》第 4 条和第 5 条规定的对国家有功的人、其遗属及其家属；

（ii）《对 5 · 18 民主有功者礼遇的法律》第 4 条和第 5 条规定的对 5 · 18 民主有功的人、其遗属及其家属；

（iii）依据《对枯叶剂后遗症患者支援等的法律》第 4 条登记的枯叶剂后遗症患者、枯叶剂后遗症疑似患者以及枯叶剂后遗症 2 代患者；

（iv）《对执行特殊任务的人支援以及设立团体的法律》第 3 条和第 4 条规定的执行特殊任务的人及其遗属；

③ 依据《残疾人保障法》第 32 条第 1 款登记的残疾人（需提交证明其资格的文件）。

④《初等、中等教育法》第 2 条以及《高等教育法》第 2 条规定的在校学生（在校研究生除外）（需提交在学证明）。

⑤《劳动者职业技能开发法》第 2 条第 5 项规定的技能大学的在校生（需提交在

学证明）。

⑥ 6 岁以上、不到 19 岁的人。

⑦《兵役法》第 5 条第 1 款第 1 项和第 3 项规定的士兵、作为公共利益勤务人员进行服务或者执行转化服务的人（需提交服务证明）。

（2）满足下述任一条件的人（需提交证明），可以减免相应规定的金额。

①《中小企业基本法》第 2 条规定的小企业（下称"小企业"），或者第 2 条规定的中企业（下称"中企业"）和第 2 条规定的不是中小企业的企业（下称"大企业"）依据合同进行共同研究，在对研究成果依据专利法或实用新型法共同进行申请或审查请求时，减免申请费或者审查请求费的 50%。

② 个人、小企业或中企业时，减免申请费、审查请求费、最初 3 年的专利权登记费的 70%。

③《技术转移和事业促进的法律》第 2 条第 6 项规定的公共研究机关，或者第 11 条第 1 款规定的承担组织时，减免申请费、审查请求费、最初 3 年的专利权登记费的 50%。

④《地方自治法》第 2 条第 1 款规定的地方自治体时，减免申请费、审查请求费、最初 3 年的专利权登记费的 50%。

三、专利费用等的征收规则第 10 条的规定

专利费用等的征收规则第 10 条对 PCT 国际申请进入韩国国家阶段时的费用减免进行了如下规定。

（1）提交审查请求的同时，提交了外国专利局（如 EPO）制作的"国际检索报告"时，审查请求费减免 10%。

（2）提交审查请求的同时，提交了 KIPO 制作的"国际检索报告"或"国际初审意见"时，审查请求费减免 30%。

（3）提交审查请求的同时，提交了 KIPO 制作的"国际检索报告"和"国际初审意见"时，审查请求费减免 70%。

第四节　在韩国申请专利时的费用节省策略

一、合理安排翻译

韩语是小语种，翻译一般均需委托韩方代理人完成。基于提供文本的不同，韩方代理人的翻译费也不同，比较而言，基于日文的翻译费相对最便宜，其次是英文，而中文则最高。因此，如果可能，笔者建议申请文件的英文文本最好在中国国内完成，然后由韩方代理人基于英文文本进行翻译。当然，如果能够给韩方代理人提供日文文本则更好。

二、活用变更申请

如前面介绍的那样，韩国的实用新型专利申请采用实质审查制度，但实用新型专利对创造性的要求比发明专利低，而且，在侵权诉讼中，其专利权并不弱于发明专利。因此，在收到针对发明专利申请的第一次审查意见通知书后，认为该发明专利申请的授权前景渺茫，或者即使授权，保护范围也非常狭窄时，可以考虑在规定期限内将其变更为实用新型专利申请。

第十一章

澳大利亚

澳大利亚具有活跃而成熟的知识产权市场。澳大利亚早在 1903 年就正式建立了联邦专利制度。作为英联邦国家，澳大利亚专利法沿袭英国的法律体系。1904 年澳大利亚知识产权局（IPAU）建立，负责专利、商标、外观设计和植物新品种的申请、注册和授权的管理。在澳大利亚加入 PCT 后，IPAU 也负责 PCT 国际检索和国际初步审查。

作为成熟的消费型西方市场经济国家，拥有 2300 万人口的澳大利亚，2012 年的GDP 排名世界第 12 位，人均 GDP 排名世界第五位。世界各大企业在澳大利亚市场竞争活跃，而在竞争中积极采用知识产权保护策略则是各国企业的共识。据统计，澳大利亚 90% 的专利被海外的申请人所拥有。QUALCOMM（高通公司）、ETHICON（爱惜康）、LG ELECTRONICS、UNILEVER（联合利华）、MICROSOFT（微软）和 ERICSSON（爱立信）等，都是在澳大利亚申请排名前几位的跨国企业。可见，中国企业要进入市场经济活跃的澳大利亚市场，必须高度重视知识产权保护，熟练运用澳大利亚知识产权法律，与来自欧美和日本的企业在知识产权保护的法律框架下积极竞争。根据澳大利亚方面的数据，2010 年，中国申请人在澳大利亚的申请量为 320 件，2011 年上升为457 件，2012 年进一步上升为 597 件，2013 年达到 694 件，从中可看出申请量的上升势头迅速。但比起跨国公司动辄上千件的澳大利亚申请量，还有很大的上升空间。

本章将就澳大利亚专利保护制度和中国申请人在澳大利亚申请专利可采取的降低成本的策略作一探讨。

第一节　澳大利亚的专利保护类型和专利申请程序

澳大利亚现行的专利制度依据的是 1990 年专利法及其配套的 1991 年专利法实施细则。该法律经过 1994 年、2000 年、2008 年、2010 年和 2012 年数次修订，目前保护标准专利（Standard Patent）和革新专利（又译作创新专利，Innovation Patent）两种专利类型。此外，1906 年澳大利亚颁布了第一部《外观设计法》，对外观设计申请采取登记制。目前生效的《外观设计法》是 2003 年制定、2004 年实施的。根据该法律，澳大利亚外观设计采用注册后审查的制度。

一、澳大利亚的专利保护类型

根据澳大利亚专利法，澳大利亚专利保护类型为发明，发明分为标准专利和革新专利两种类型。与中国不同，澳大利亚专利法不保护实用新型，虽然对于中国申请人而言，澳大利亚革新专利与中国实用新型有一定的相似性。任何具有新颖性、创造性和工业实用性的设备、物品、方法或程序的发明均可申请专利保护。

二、澳大利亚专利程序简介

澳大利亚标准专利保护期为提交完整说明书之日起 20 年，采用早期公开、延迟审查制。其基本流程如图 11 –1 所示，与其他各国的发明专利流程相似。

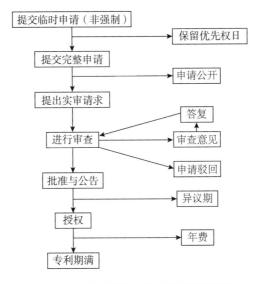

图 11 –1　澳大利亚标准专利申请流程图

按照整体流程，大致可分为提交阶段、实质审查阶段和授权与维护阶段。

1. 提交阶段

与其他各国申请流程类似，在澳大利亚申请人可以根据《巴黎公约》途径提交国家申请，也可以通过 PCT 途径进入国家阶段的方式向 IPAU 提交 PCT 国家阶段申请。需要向 IPAU 提交的文件包括：请求书、英文说明书、权利要求书、摘要和附图以及申请人获权声明。如果是按照《巴黎公约》递交的申请，则还需要递交优先权号、优先权国家、申请人名称和申请日期。如果是国际进入澳大利亚国家阶段的国际申请，国际公开文本不是英文的，需要提交译者声明（Verification of Translation）。该声明自提交申请 2 个月内必须提交至 IPAU。

在 IPAU 提交专利申请，需要使用英文。在提交阶段，IPAU 的审查员会对该申请进行形式审查和公开，但 PCT 国际申请在进入澳大利亚国家阶段后不再重新公开。在理由充分的情况下，澳大利亚可以接受优先权的恢复。

2. 实质审查阶段

大多数情况下，审查员会发出通知，要求申请人自该通知之日起 2 个月内提出实质审查请求。在没有接到相关通知的情况下，申请人则应该在申请日起 5 年内提出实质审查请求。否则，专利申请将被视为自动撤回。

在澳大利亚，过去实质审查请求分为两种类型：常规审查（Normal Examination）和简化审查（Modified Examination）。申请人可根据自身情况选择适当的审查类型。然而自 2013 年 4 月 15 日实施修改的澳大利亚专利法后，简化审查已经取消。

常规审查请求要求审查员对专利申请进行全面的实质检索和审查程序。在收到审查意见之前和答复期间，申请人都可以在任何时间对文本进行修改，以确保其符合澳大利亚专利法规的要求。

当申请人提出实审请求后，通常会在 1 年左右的时间收到 IPAU 发出的《实质审查意见通知书》。提出实质审查在 2013 年 4 月 15 日之前的，申请人要在该通知发文日起 21 个月内对通知书进行答复，并克服审查员提出的不能授予专利权的理由；前述 21 个月期限的前 12 个月免除官费，但超过 12 个月后，则每过 1 个月要加收答复费用。若提实质审查日在 2013 年 4 月 15 日之后的（含当日），申请人要在该通知发文之日起 12 个月内对通知书进行答复，并克服不能授予专利权的理由。若 12 个月内仍不能克服不能授权的理由，申请人可以分案的形式再提申请。该期限不能延期。

3. 授权与维护阶段

在申请人克服了驳回意见后，IPAU 会发出"受理通知"（Notice of Acceptance），申请便进入了授权阶段。此处的"受理通知"的含义与其他各专利局的受理通知含义不同，相当于某些国家或地区专利局发出的"拟授权通知"。在该通知书里会告知在澳大利亚官方专利公报（Official Journal of Patents）上公布的具体日期。

授权阶段的第一个步骤为"拟授权阶段"，"受理通知"的发出，表示该申请通过了实质审查，进入了拟授权状态。发出"受理通知"后不久，该拟授权专利会被第二次公布，从该公布日起 3 个月是授权前的异议期。3 个月异议期届满，没有收到异议，则可以获得授权。如果申请人希望就某案提出分案申请或革新专利申请，也需在前述 3 个月异议期届满前提出。需要指出的是，即使进入拟授权状态，申请人还可以对权利要求进行修改，但是保护范围只能缩小。

异议期届满后，则进入了授权阶段的第二个步骤——"授权及颁证"，该专利会得到授权，从而完成整个授权阶段。通常情况下，一件澳大利亚标准专利申请，从提交至授权，需要 2.5 ~ 3 年的时间。随后需要定期缴纳年费以维持专利权有效。

三、澳大利亚专利申请特色程序

革新专利制度是澳大利亚专利制度中较有特色的程序。革新专利是一种短期专利，保护期 8 年。革新专利申请流程快，从提交申请到授权大致仅需要 1 ~ 2 个月。请求实质审查后对专利的革新性的评估门槛相对要低，审查程序简单，费用比较低廉，因此这种专利保护显然具有自身优势。同时，革新专利在专利维权时是很有用的商业运作工具，因为它们能很快被获权而且难以被无效。

革新专利的可专利性评估标准与标准专利不同。对于标准专利而言，革新专利的专利性标准与中国发明专利申请一样，都是新颖性、创造性（Inventive Step）和工业实用性。而澳大利亚革新专利的可专利性除表现在该发明具备新颖性和工业实用性方面外，还需针对现有技术必须具备"革新性"（Innovative Step）。革新性是指不同于现有技术的任何特点，对该发明"具有实质性的贡献"。澳大利亚法院已经证实这个测试标准低于标准专利的创造性评估标准，因此有一些标准专利不能授权的发明可能获得革新专利的保护。同时，革新专利被无效的概率也低于标准专利。

革新专利有些类似于中国的实用新型专利，但也有显著区别。就保护主题而言，中国实用新型专利不可以保护方法，而澳大利亚革新专利可以保护的主题和标准专利相同，比如产品、设备、方法、系统或结构，甚至是软件和商业方法。革新专利不保护植物和动物以及动植物繁殖的生物学方法，但是涉及微生物学的方法或利用该方法生产的产品可以受到保护。

革新专利申请的流程大致如图 11-2 所示。

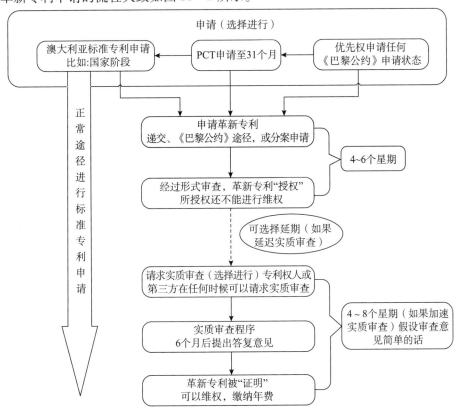

图 11-2　澳大利亚革新专利申请流程图

一项革新专利申请的流程，包括提交申请、形式审查、授权、请求实质审查（可选）和维护阶段。

具体而言，在递交革新专利申请后，IPAU 很快对其进行形式审查。在颁发专利证书及公布说明书后，该申请即批准获权。该申请程序相对快捷和容易，一般从递交申请到授权仅用 1 个月即可完成。但是尽管"授权"了，该革新专利不能进行维权。如果发生侵权，要先选择请求实质审查并获得官方的"证明书"，而后才能主张自己的权利。这就是后置的可选择性实质审查。

根据澳大利亚专利法，任何人在革新专利授权之后的任何时候可以请求 IPAU 针对该革新专利进行实质审查。IPAU 收到请求后会对现有技术进行检索，以评估该专利的可专利性。如同对标准专利进行审查一样，审查员会针对新颖性和革新性这样的实质性问题或其他要求解释清楚的小问题，提出驳回意见。这样的驳回意见会涉及一到多次的修改或针对缺陷的争辩。

如果革新专利顺利地通过实质审查程序，IPAU 会颁发"审查证明书"，从而该专利被视为"合格"。如前所述，该审查程序和获得证明书是可以选择的，但是在对该革新专利进行维权时是必须的。通常情况下该实质审查程序会在几个月内完成。如果请求加速实质审查并能迅速答复审查意见的话，即可以在 2~3 个月获得审查证明书，随后专利权人可以此为依据进行维权。

革新专利与标准专利比较，除上述提到的诸多特点外，还有以下 3 个特点：

（1）异议期。标准专利在授权前有 3 个月的异议期，而革新专利在获得审查证明书之前，第三方不能对该革新专利提出异议。

（2）权利要求的数目。革新专利的权利要求数目限定为 5 项，但在提交革新专利时这个限制不是必须的。在提交革新专利申请时，申请人可以提交任何数目的权利要求。仅仅在为获得审查证明书而进行后置实质审查时，申请人才必须将革新专利的权利要求修改为 5 项。因此革新专利对权利要求的修改机会比标准专利更为宽松和机动。

（3）革新专利的提出。除直接提交革新专利外，革新专利还可以标准专利的分案申请进行提交，并与之平行进行其后续的程序。在第一个革新专利实质审查授权之日的 1 个月之前，还可以进一步提出革新专利分案申请。革新专利还可以通过 PCT 途径进入澳大利亚国家阶段时或过程中由标准专利转化而来。

第二节　澳大利亚专利申请费用

一、澳大利亚标准专利申请费用

一件标准专利申请的费用大概在 6000 美元（包括官费和外方代理费）。

1. 澳大利亚标准专利官费

表 11 - 1 所示为澳大利亚标准专利的官费。

表 11-1　澳大利亚标准专利官费收费一览表

申请阶段	官费内容	澳大利亚元	人民币❶
新申请阶段	申请费 （电子提交）	370.00	2148.18
	申请费 （纸质提交）	470.00 （预期几个月后纸件提交和传真提交都将停止，全部都为电子提交）	2728.77
	申请费 （PCT 国际申请进入澳大利亚国家阶段时）	370.00	2148.18
实质审查阶段	实审请求	490.00	2844.89
	答复费（每个月） （实审答复期限超过 OA1 发出之日起 12 个月但不超过 21 个月时）	100.00	580.59
拟授权阶段 （即通过了实质审查）	受理费	250.00	1451.46
	权利要求超 20，每增加一个	100.00	580.59
维护阶段 （自申请日起第 4 年开始交）	第 4 年 ~ 第 9 年（每年）	300.00	1741.77
	第 10 年 ~ 第 14 年（每年）	500.00	2902.95
	第 15 年 ~ 第 19 年（每年）	1120.00	6502.61

2. 澳大利亚标准专利代理费

表 11-2 所示为澳大利亚标准专利的代理费用统计表。

表 11-2　澳大利亚标准专利代理机构收费统计表

申请阶段	代理费内容	金额/美元			
		最低	最高	中位数	平均
新申请阶段	准备和提交新申请、译者声明、优先权声明、转达受理通知	960	2496	1663	1728
实质审查阶段	实审请求	286	1048	815	687
	转达审查通知	283	350	322	323
	准备和提交审查通知答复（每次）	546	2113	1866	1406
授权阶段	转达授权通知、转达专利证书、缴纳批印费等	460	784	556	592
合计（以答复 2 次审查意见计，且不需要缴纳维持费的情况下）		2535 ~ 6791			

---

❶ 按 2014 年 7 月 1 日澳大利亚元对人民币汇率中间价 100 澳大利亚元 = 580.59 元人民币计算，下同。

3. 澳大利亚标准专利费用合计

澳大利亚标准专利的费用涉及两方面，国外官费约为 7000 元人民币，国外代理费约为 29000 元人民币（以一次审查意见计）。

二、澳大利亚革新专利费用

一件革新专利申请的费用大概在 2000 美元（包括官费和外方代理费）。

1. 澳大利亚革新专利官费

表 11 - 3 所示为澳大利亚革新专利的官费。

表 11 - 3　澳大利亚革新专利官费收费一览表

申请阶段	官费内容	澳大利亚元	人民币
新申请阶段	申请费（电子提交）	180.00	1045.06
	申请费（纸件提交）	280.00 （预期几个月后纸件提交和传真提交都将停止，全部都为电子提交了）	1625.65
	申请费 （当 PCT 国际申请进入澳大利亚国家阶段后由标准专利转为革新专利时）	370.00	2148.18
授权阶段	受理费	0	0
	实质审查费	500.00	2902.95
维护阶段	第 2 ~ 4 年（每年）	110.00	638.65
	第 5 ~ 7 年（每年）	220.00	1277.30

2. 澳大利亚革新专利代理费

表 11 - 4 所示为澳大利亚革新专利的代理费用统计表。

表 11 - 4　澳大利亚革新专利代理机构收费统计表

申请阶段	代理费内容	预估金额
新申请至授权	准备和提交新申请、办理授权办登手续	1200 ~ 1500 美元

3. 澳大利亚革新专利费用合计

表 11 - 5 所示为澳大利亚革新专利费用的合计统计。

表 11 - 5　澳大利亚标准革新专利费用合计统计表

国外官费	国外代理费
约 1000 元人民币 请求实质审查，官费另加 500 澳大利亚元（约合 2902.95 元人民币）	约 8400 元人民币 请求实质审查，另加约 2902.95 元人民币

第三节　澳大利亚专利申请的费用优惠及费用节省策略

如前文所述，澳大利亚 90% 的专利申请为国外企业的专利申请，澳大利亚没有设置任何费用减免措施，包括官费减免、政府资助或奖励制度。据称有某些民间协会或组织可能根据其内部规程对本地的专利申请人提供一些基金支持。

在澳大利亚申请专利时，建议申请人根据自身情况考虑多利用革新专利申请，大大降低申请成本。如前所述，澳大利亚革新专利申请不同于中国的实用新型专利申请。它授权速度快、门槛低、费用少，可以更好地以相对快捷而经济的方式维护创造性较低、知识产权预算较少的中小企业的利益，并适应产品市场生命周期较短的产品。与中国实用新型专利申请相比，澳大利亚革新专利可以保护所有的主题，包括方法，甚至是软件和商业方法，而费用仅是标准专利的 1/3 左右。从成本角度和申请战略方面讲，采用革新专利至少有以下一些优势。

（1）与标准专利相比，申请的费用（包括官费和代理费）相对低廉；

（2）可选择获得审查证明书的机制，可以尽量拖延实质审查的费用，如无特别需要获得审查证明书的情形，甚至可以无限期拖延实质审查费用；

（3）较低的可专利性标准意味着可以获得比较宽的权利要求的保护范围；

（4）同样地，革新专利力度强，并且更能抵抗针对专利有效性的强势攻击，即不容易被无效；

（5）在有必要的时候，能够快速获得可实施的专利权，用于许可或进行诉讼。特别要予以说明的是，如果被许可人没有特别要求，即便是没有经过实质审查的革新专利也可以进行许可；

（6）延迟进行实质审查意味着获得修改权利要求更高的灵活性，使权利要求可以依商业需要或产品的改进量身定制。

当然，革新专利也存在相应的弊端，如仅有 8 年保护期限。虽然在遭遇侵权时，专利权人必须先对革新专利提出实质审查请求，只有被官方证实具有专利性后，才可以此进行维权，但由于革新专利采用的是革新性标准而非创造性标准，因此其被确权的可能性较高。革新专利一旦被官方确认满足了专利性要求，则具备了和标准专利一样的法律效力。从这个角度讲，适当采用革新专利，可以在降低成本的同时，起到同标准专利同样的保护作用，特别适合于产品周期短、更新换代快的行业采用。由于澳大利亚专利法允许申请人在授权前将请求从标准专利转换为革新专利，因此建议中国申请人在申请过程中综合其技术、市场、成本等多方因素，随时调整申请策略，选择最适合该技术的申请类型。

第十二章

俄罗斯与欧亚专利

俄罗斯专利制度的产生与发展大致可分为 3 个历史阶段：沙皇俄国时期、苏联时期、俄罗斯联邦至今。1812 年，沙皇俄国公告《艺术和手工业中的发明与发现特权》，规定了特权的内容和形式、授权程序、有效期、费用、撤销理由和法院审理程序，1896 年规定对申请案进行某种程度的新颖性审查。1917～1991 年进入俄罗斯专利制度的第二个时期——苏联时期。根据 1919 年颁布的《发明法》及后续陆续颁布的《发明专利法》等法律规定，苏联对发明采取两种保护形式，颁发发明人证书和授予专利权，即通常所说的"双轨制"，但实际上主要以发明人证书的形式对发明进行法律保护。直到 1991 年 7 月 1 日生效的《苏联发明法》，再度改回单一形式的专利制度。

1991 年 12 月 26 日苏联解体。1992 年 10 月 14 日《俄罗斯联邦专利法》生效，对发明授予专利保护，并实行早期公开、延迟审查制；对工业品外观设计授予专利保护，实行实审制；而对实用新型授予注册证书保护（俄罗斯联邦专利法中统称专利），实行初审制。

中俄两国领土接壤，交往关系源远流长，经济活动频繁。后由于政治因素的影响，两国经济和文化交往日趋紧密，虽然经历了一些波折，但近些年来，两国政府大力推进全面战略协作伙伴关系，确保两国经贸合作稳定、快速发展。在该形势下，中国企业积极响应，加强在俄罗斯的投资、扩大贸易份额，中国申请人在俄罗斯的专利申请量也在稳定中保持较强的上涨势头。根据 WIPO 最新的统计数据，2009 年中国申请人在俄罗斯提交专利申请 176 件，2010 年中国申请人在俄罗斯提交专利申请 265 件，2011 年专利申请量为 393 件，2012 年专利申请量为 544 件。因此有必要对俄罗斯的专利制度与成本策略进行研究，以此为中国申请人更好地进行专利布局提供参考。

第一节　俄罗斯的专利保护类型和专利申请程序

俄罗斯的专利保护类型为两种，发明专利（Invention）和实用新型专利（Utility Model）。

在俄罗斯寻求发明专利保护的路径，除直接申请外，还有《巴黎公约》途径、PCT 国际申请进入俄罗斯国家阶段途径和欧亚专利途径等几种类型。除欧亚专利途径较为特殊外，其余途径在流程上与其他各国类似。

一、俄罗斯发明专利申请程序

俄罗斯发明的保护客体是任何技术领域中的有关产品或方法的技术方案，请求保护的产品或方法需要是新的、有创造性的且在工业上具有实用性。发明专利的保护期是 20 年，其中关于医药、杀虫剂、农业化肥的发明专利可以延长 5 年。

基于直接申请、《巴黎公约》途径或 PCT 途径进入俄罗斯国家阶段的俄罗斯发明专利申请流程与其他各国的发明专利申请流程有相似之处，大致可分为提交阶段、初审阶段、实质审查阶段和授权与维护阶段。图 12 - 1 展示了俄罗斯发明专利申请的主要流程。

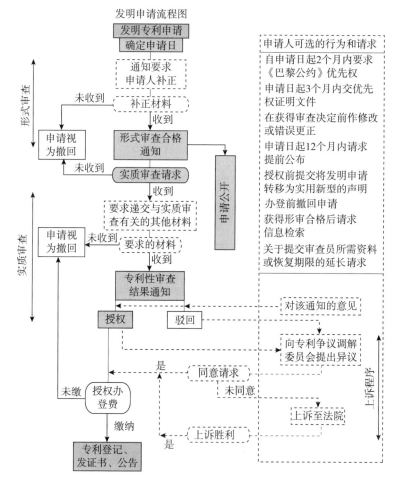

图 12 - 1　俄罗斯发明专利申请流程图

1. 提交阶段

根据《俄罗斯联邦专利法》，为了获得申请号，必须提交最小限度的文件。

对于 PCT 国际申请进入俄罗斯国家阶段的申请，在提交时可以仅提供 PCT 国际申请的申请号。申请文件的俄文译文以及有关在先申请的申请号和申请日等信息可以在申请的进入日起 2 个月内提供。

对于《巴黎公约》途径提交的俄罗斯申请，最小限度的文件包括：要以俄文提交著录项目信息，如申请人和发明人的各项信息，内容类似于中国申请的请求书；说明书；必要的附图和其他材料。在提交新申请时，说明书、权利要求书（如果有的话）、必要的附图和其他材料等可以任何语言提交，但要在随后的 2 个月内补交俄文译文。同时，在先申请文件副本必须在优先权日起 16 个月内提供。

根据《俄罗斯联邦专利法》，权利要求书是可以补交的文件。即在提交申请时，只需提交请求书、说明书、附图即可，权利要求书可以补充提交。如果一件俄罗斯专利申请没有权利要求和摘要，那么审查员会发出一份通知，要求申请人补交。申请人至收到该通知日起 2 个月之内办理补正，且没有补正的费用产生。

当权利要求超过 25 项后，每项权利要求要额外支付 250 卢布（约合人民币 45.95 元❶）。同时要特别注意的是，在俄罗斯专利申请中，是明确禁止多项权利要求引多项的权利要求撰写方式，如果在提交申请时权利要求书存在上述问题，审查员会发出相关的审查意见要求修改。因此为了避免不必要的审查意见通知书、增加时间和费用成本、节约外方事务所改写和提醒的律师费，建议申请人在准备俄罗斯申请文本的时候就注意避免该问题。

2. 形式审查

对于 1 件俄罗斯专利申请而言，从其全部译文提交之日起，如无其他形式缺陷，大概 2 个月完成形式审查。需要注意的是，除了和其他各国相似的常规形式审查以外，俄罗斯审查员还会在形式审查阶段就多项权利要求引多项权利要求的问题进行审查。如确实存在上述问题，在形式审查阶段就会发出补正通知书。

3. 公开

自俄罗斯申请日（有优先权的，指优先权日）起 18 个月，申请会被公开。自此，在公开的权利要求保护范围内，可以获得临时保护，但最终保护的范围不得超出授权后专利的保护范围。这点与其他各国的相关法律类似。

4. 实质审查阶段

根据《俄罗斯联邦专利法》，申请人或任何第三方均可自申请日（PCT 国际申请日）起 3 年内提出实质审查请求。该期限可经请求延长 2 个月。如果期限届满仍未提出实质审查请求，那么申请将会被视为撤回。但是申请人在缴纳滞纳金和特殊情况证明的情况下，可以在 12 个月内提出恢复请求。俄罗斯实质审查阶段比较有特色的流程

---

❶　按 2014 年 7 月 1 日俄罗斯卢布对人民币汇率中间价 100 俄罗斯卢布 = 18.38 元人民币计算，下同。

是允许第三方提出实质审查请求或检索请求，并允许第三方提供对专利性评定有负面影响的对比文献。

通常情况下，从提出实质审查请求之日起 9 ~ 12 个月，申请人会收到第一次审查意见。当然时间的长短也与发明所属技术领域的复杂程度相关。例如，电子等领域常常被视为复杂领域，因此，审查意见发出的期限常常接近甚至超过 12 个月。

通常情况下对于审查意见的答复期限为 3 个月，缴纳相应费用后最多可以延长至 10 个月。从现在的审查趋势来看，审查员偏向于参考同族美国或欧洲申请的审查结果，而且大约有 50% 的专利申请收到的第一次官方通知就是拟授权通知。

5. 授权与维护阶段

在实质审查阶段，申请人通过答复审查意见克服了驳回意见后，俄罗斯联邦知识产权局（ROSPATENT）会发出"拟授权通知"。申请人需要在该通知发文日起 3 个月内缴纳授权费及从申请日起第 3 年至当年的维持费。如果申请人对于申请文本有任何修改，必须在缴费之前提出。

申请人缴纳授权费后大概半年左右的时间，ROSPATENT 会发出专利证书。通常情况下，从递交 1 份俄罗斯申请到获得专利证书需要 2 ~ 3 年的时间。

二、俄罗斯实用新型专利申请程序

俄罗斯实用新型专利可以基于直接申请或《巴黎公约》途径提交。根据俄罗斯法律，实用新型专利的保护期限为 10 年。在该专利 10 年保护期届满之前，在 ROSPATENT 提交一份"延长保护期的请求"（Petition for Extension）后，可以将保护期限延长 3 年。

与其他各国实用新型的流程类似，俄罗斯实用新型申请流程快，从提交申请到授权仅需要 4 ~ 12 个月，没有实质审查程序，只有在特别请求的情况下才会进行现有技术的检索。因此相比于发明专利申请，它的门槛相对要低，审查程序简单，费用比较低廉，因此这种专利保护显然具有自身优势。根据《俄罗斯联邦专利法》，实用新型专利申请在授权前任何时间可以依据请求转换为发明专利申请，发明专利申请可以在公布前转换为实用新型专利申请。

三、欧亚专利（EAPO PATENT）

申请人也可通过在欧亚专利组织（Eurasian Patent Organization，EAPO 或 EA）提交专利申请的方式最终在俄罗斯获得专利保护，即基于直接提交欧亚专利申请、通过《巴黎公约》途径或 PCT 途径最终取得欧亚专利。

EAPO 正式成立于 1996 年 1 月 1 日，总部设在莫斯科。目前《欧亚专利公约》针对俄罗斯、亚美尼亚、阿塞拜疆、白俄罗斯、哈萨克斯坦、吉尔吉斯斯坦、摩尔瓦多、塔吉克斯坦与土库曼斯坦等 9 个国家，建立了一套适用于该 9 个缔约国境内的单一专利系统，即欧亚专利体系。2012 年 4 月 26 日，摩尔瓦多退出了《欧亚专利公约》，因此目前 EAPO 共有 8 个成员国。另有 3 个国家——格鲁吉亚、乌克兰、乌兹别克斯坦同样签订了欧亚专利，但还没有被批准加入。

对于一项发明专利申请，如果申请人希望同时在数个独联体国家境内寻求专利保护，提出单一欧亚专利申请案往往较直接向各国家专利局分别提出申请更为方便有利，费用也更为低廉。申请欧亚专利的申请人只要用俄文向 EAPO 提交 1 份申请，并同时指定地区成员国，专利授权后便可在相应国家获得保护。除了只要进行 1 次提交与审查流程，能够节省官方费用及相应代理费用外，提交欧亚专利申请只需提交俄文文本也可以节约大笔翻译费用。因为对于单一国家申请专利，根据各国法律的规定需要使用当地官方语言提交。例如，对于某一专利申请要在上述 9 个国家获得专利保护，采用欧亚专利的方式只需提交一份俄文文本即可，但如果该申请以国家申请的方式分别向这 9 个国家提交，则需要分别使用 4 种语言提交申请文本。

欧亚专利的主流程跟一般发明专利申请类似，分别是提交申请、形式审查、实质审查、授权或驳回（拒绝签发专利证书）。整个流程需要 2~4 年。在 EAPO 进行实质审查前，申请人可以对申请文本进行主动修改。当 EAPO 发出驳回通知后，如果申请人对此有异议，可以在收到该结果的 3 个月内提出上诉。EAPO 在收到上诉的 4 个月内进行审查并作出决定。而具有特色的是，如果欧亚专利申请遭到异议，申请人也可将欧亚专利申请转换为国家申请，其申请日和优先权日将予以保留。如，自 EAPO 发出驳回通知之日起 6 个月内，申请人有权将 1 个欧亚地区专利申请转换成国家（例如俄罗斯）专利申请，同时享有优先权日。对于这种转换，申请人在 EAPO 要缴纳相应官费，而 ROSPATENT 的官费收费表中没有相关的收费项目。

与类似的地区性专利——欧洲专利不同的是，欧亚专利的授权生效阶段更为便利、迅捷。根据《欧亚专利公约》，当一专利申请取得欧亚专利权后，专利权人无须分别向上述 9 国专利局进行登记。当申请获得授权时，申请人只须对各缔约国加以考量，如果申请人希望该欧亚专利在某缔约国取得法律效力，只要在规定期限内向欧亚专利局交付该缔约国第一年年费即可。欧亚专利的年费维护程序也较之欧洲专利更为便捷。欧洲专利是每年向各生效国分别缴纳年费，而欧亚专利的专利权人则只需直接向 EAPO 缴纳相应年费，EAPO 会随后向各相应生效国转缴年费，从而大大方便了专利权人，也节省了相关服务费用。

第二节 俄罗斯与欧亚专利申请费用

一、俄罗斯专利申请费用

1. 俄罗斯专利申请官费

表 12-1 和表 12-2 分别标示了俄罗斯发明专利申请和实用新型专利申请的官费，本节的汇率按照 2014 年 7 月 1 日牌价兑换。

表 12 - 1　俄罗斯发明专利申请官费一览表

费用名称		卢布	人民币
新申请阶段	国家申请的申请费	1650	303.27
	超过 25 个权利要求，每个权利要求	250	45.95
	PCT 国际申请进入国家阶段申请费	1650 + 250（国际阶段无检索报告）	303.27 + 45.95
实质审查阶段	提交实质审查请求	2450	450.31
	1 < 每个独立权利要求 ≤ 10	1950	358.41
	超过 10 个权利要求，每个权利要求	3400	624.92
	从实用新型专利转换为发明专利	850 + 200（超过 25 个权利要求，每个权利要求）	156.23 + 36.76（超过 25 个权利要求，每个权利要求）
授权阶段	授权与注册费	3250	597.35
	年费（第 3 年～第 5 年）	2950	542.21

表 12 - 2　俄罗斯实用新型专利申请官费一览表

费用名称		卢布	人民币
新申请阶段	国家申请的申请费	850	156.23
	超过 25 个权利要求，每个权利要求	100	18.38
	PCT 国际申请进入国家阶段申请费	1650 + 250（国际阶段无检索报告）	303.27 + 45.95
	从发明专利转换为实用新型专利	100	18.38
授权阶段	授权与注册费	3250	597.35
	年费（第 3 年～第 5 年）	800	147.04

2. 俄罗斯代理机构费用

根据俄罗斯代理机构的标准报价，并结合机械、电子、化学三个领域随机抽取的 16 个专利申请案子的账单，俄罗斯代理机构的收费情况如表 12 - 3 所示。

表 12 - 3　俄罗斯代理机构收费统计表

申请阶段	代理费项目	金额			
		最低/美元	最高/美元	中位数/美元	平均/人民币
新申请阶段	准备和提交新申请	2220	5728	3203	22151.36
	转达和答复形式审查审查意见（含有多项从属权利要求）	339	420.50	339	2262.76

申请阶段	代理费项目	金额			
		最低/美元	最高/美元	中位数/美元	平均/人民币
新申请阶段	答复形式审查审查意见，修改权利要求	300	520.00	390.00	2500.94
	转达形式审查合格通知书	100	189.50	120.00	777.75
	本阶段总费用（不含杂费）	2959	6858.00	4052.00	27692.82
实质审查阶段	提实审请求	381	725.00	381.63	2370.08
	转达审查意见或其他通知（如发生，每次）	464	957.25	620.88	4055.58
	准备和答复审查意见或其他通知（如发生，每次）	430	1843.50	1080.00	6738.10
	本阶段总费用（不含杂费）	1275	3525.75	2082.51	13163.76
授权阶段	转达并翻译授权通知、核查权项、转达专利证书、缴纳批印费	1123	1268.60	1143.00	7317.09

综上，申请一个俄罗斯专利的国外律师费，约为人民币 48173.67 元。

二、欧亚专利申请费用

表 12 - 4 为欧亚专利申请官费一览表。欧亚专利的外国律师费，与俄罗斯专利的律师费相似。

表 12 - 4 欧亚专利申请官费一览表

	费用名称	标准费用/卢布	80%减免后费用/卢布	减免后费用/人民币
新申请阶段	欧亚专利申请的申请费	25500	5100	937.38
	超过 5 个权利要求，每个权利要求	3200	640	117.63
	迟交俄文翻译	3200	640	117.63
	迟交委托书	950	190	34.92
	初审阶段完成前提交主动修改或者补正（每次）	16000	3200	588.16
	初审阶段完成后提交主动修改或者补正（每次）	32000	6400	1176.32

续表

费用名称	标准费用/卢布	80%减免后费用/卢布	减免后费用/人民币
实质审查阶段 提交实质审查请求（一个发明）	25500	5100	937.38
提交实质审查请求（一组发明）	25500 + 19000（第二个发明）	8900	1635.82
	25500 + 19000（第二个发明）+ 9500（第三个起）	10800 起	1985.04
请求从欧亚专利申请转化为俄罗斯专利申请	6400	1280	235.26
授权阶段 授权费	16000	3200	588.16
专利文本在 35 页以上时，包括权利要求书、说明书、附图和其他资料，如摘要	160（35 页以上，每页）	32	5.88

第三节　俄罗斯与欧亚专利申请的费用优惠

一、俄罗斯专利申请的费用优惠

俄罗斯专利申请对于外国申请人没有任何费用减免措施。对于本国申请人，俄罗斯则采取了若干具有特色的减免措施，以鼓励本国申请人提交专利申请。例如：申请人是个人的，仅需支付标准官费的 50%，退役军人则免除全部官费，残疾人或退休者支付标准官费的 20%，35 岁以下的科学家支付 20% 的官费，小企业则支付 50% 的官费。

俄罗斯中小型企业的法律定义主要有如下 4 个方面：

（1）公司的员工人数：员工人数在 101 ~ 250 人的是中型企业；员工人数不超过 100 人的为小型企业；员工人数在 15 人及以下的是微型企业。

（2）公司形式：合法登记的法人实体可以合作社和商业组织为形式，也可以是农业机构或个体经营。

（3）初始资本的构成：初始资本中政府机构、外国企业和外国个人的投资比例不超过 25%，同样的限制条件也适用于非营利和宗教组织、慈善机构和其他基金会，以及所有的非小中型企业。

（4）年收入的总额：俄罗斯联邦政府每隔 5 年会确定一次每个类别中的中小型企

业每年最高的总收入，同时也会参考该企业的统计分析。自 2013 年 1 月 1 日起，最高年收入总额分别是：中型企业 10 亿卢布；小型企业 4 亿卢布；微型企业 6000 万卢布。

不满 35 岁的科学家申请专利时只需要支付 20% 的官费。为获得此项减免，申请人需要提供由科研机构或高等院校颁发的证明文件副本，以确定该申请人属于该组织，同时还要提供申请人的护照。

二、欧亚专利申请的费用优惠

对于欧亚专利，根据《欧亚专利条约》的实施细则第 40 条，自然人的永久居住地或者法人的主要营业地址属于人均国民生产总值低于或等于 3000 美元的任何一个《巴黎公约》成员国，可以按照暂行费用减免标准缴纳官费。由于中国被列于上述国家清单中，因此，中国申请人在提交适当的签署声明后，可以享受官费减免 80% 的优惠。需要提交的声明包括：享有折扣的法人申请人需提供资料，以证明递交申请日时公司未有外资参与及未有外资投资或控股，法人创始人是人均国内生产总值水平低于 3000 美元国家的居民。同时，对于 PCT 国际申请进入欧亚地区的申请，在已有国际检索报告的情况下，新申请官费可享受 25% 的折扣。

第四节　在俄罗斯及欧亚组织申请专利时的费用节省策略

鉴于《俄罗斯联邦专利法》的特点，对于中国申请人在俄罗斯进行专利申请和保护的成本策略研究方面，有以下两点建议。

一、关于申请的语言和译文

由于俄罗斯申请在提交阶段接受任何语言的文字。而中国申请人经常在优先权或 PCT 国际申请进入国家阶段即将到期时才确定向外申请的国家，此时中国申请人手中一般只有经确定的英文译文。这时不妨考虑使用自己最熟悉的母语先向俄罗斯提交，而请俄方事务所在英文文本基础上准备俄文译文随后补交。这样既能最大限度地避免紧急翻译出现的错误给申请本身带来的不良影响，又能节省翻译的加急费用。

二、善于利用欧亚专利途径

当中国申请人的目标国不仅包括俄罗斯，还有可能包含其他 EAPO 成员国时，建议中国申请人考虑采取欧亚专利途径。如前文所述，与俄罗斯国家申请相比，欧亚专利申请具备"一次申请、多国获权"和申请阶段可以享受官费 80% 的减免的优势，大大减少了费用支出。除此之外，选择欧亚专利申请从流程方面还有其他一些优势。一个优势是缩短审查时间——欧亚专利申请发出第一次审查意见的时间相对较短，大概从提出实质审查请求之日起 4～6 个月，而俄罗斯专利申请从提实质审查日起 9～12 个月才会发出审查意见。另一个优势是欧亚专利申请在实质审查过程中不允许第三方提出异议，也不允许第三方提出实质审查或检索请求，以及提供对专利性评定有负面影响的对比文献，从而对申请人更为有利。根据俄罗斯当地律师的建议，当申请人有意向3个或3个以上欧亚专利成员国申请专利保护时，采用欧亚专利途径无疑是更为经济、便捷的。

第十三章

印 度

印度的知识产权制度建设起步较早。作为英属殖民地，印度早在 1856 年就颁布了第一部专利法。印度独立后，于 1970 年颁布了新的专利法，并于 2005 年进行了修订。目前，印度已形成了颇具本国特色的知识产权法律体系。2012 ~ 2013 年，印度专利、设计及商标管理局（CGPDTM）共收到 43663 件专利申请，其中 78% 来自国外申请人❶。

CGPDTM 按地理区域划分为 4 个辖区，分别为北部地区（新德里专利局）、西部以及中央邦和查蒂斯加尔地区（孟买专利局）、南部地区（钦奈专利局）以及东部和其余地区（加尔各答专利局），其中加尔各答专利局是总局。CGPDTM 负责专利申请的受理、审查、核准、续展、无效专利的恢复、强制许可证的发放及专利代理机构的登记等相关事务。各专利局负责管理各自辖区范围内的专利事务，均有权授予专利，且审查标准一致。CGPDTM 局长日常在加尔各答专利局办公，并定期巡查各个分局事务。

第一节　印度专利申请程序

一、专利申请进入印度的 3 种途径

外国申请人可利用 3 种途径在印度进行专利申请：

（1）通过《巴黎公约》途径，即在本国先提交一份在先申请，然后在 12 个月内在印度提交专利申请。

（2）通过 PCT 途径，先进行 PCT 国际申请，然后在 30/31 个月内进入印度国家阶段（Indian National Phase Application）。

（3）直接在印度申请专利。使用本途径时，要注意符合申请人所在国家法律的其他规定。对于中国申请人而言，如果该发明创造是在中国境内完成的，则首先要通过

---

❶ ［EB/OL］.（2014 - 07 - 01）. http：//www. ipr. gov. cn/article/gjxw/gbhj/yzqt/yd/201401/1794681_ 1. html.

中国国家知识产权局的保密审查后，方可直接向印度申请。

根据印度专利法，在直接向印度提交专利申请的这种途径中，申请人可以提交印度临时申请的方式，先提交"临时说明书"（Provisional Specification），随后在 12 个月内提交完整的说明书，将临时申请转为正式申请。印度的"临时申请"制度与美国的"临时申请"颇为相似。

另外，在专利授权后的有效期限内，申请人还可以基于已有专利在印度提交"增补专利申请"（Application For Patent Addition）。增补专利即是 CGPDTM 对已有专利的改进或修正所授予的专利。增补专利以主专利的有效存在为前提，在主专利被宣告无效时，专利权人可请求 CGPDTM 将其增补专利变为独立的专利，继续享有主专利原先应享有保护期限的剩余保护期。

二、印度专利申请程序简介

如图 13 – 1 所示，印度专利申请的整体流程大致可分为提交阶段、公布阶段、实质审查阶段和授权与维护阶段。

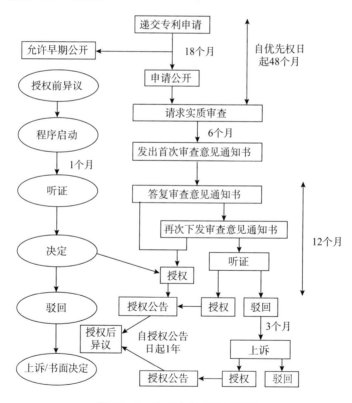

图 13 – 1　印度专利申请流程图

1. 提交阶段

与其他各国申请流程类似，在印度申请人需要向 CGPDTM 提交的文件包括：英文说明书、权利要求书、摘要、附图和申请人签署的委托书原件。如果专利申请是通过

《巴黎公约》途径，则还需提交优先权证明文件及其英文译文与译者声明。根据印度专利法，如果该专利申请有外国同族申请，申请人还需提交同族申请状态信息表。而特别要提醒中国申请人注意的是，在印度专利申请的整个过程中，一旦外国同族专利的状态发生变化，如申请提交、公开、审查、授权、撤回等，申请人都需要在变化日起 3 个月内向 CGPDTM 提交该信息（使用 Form－3），否则该印度专利可能因为后续没有提供上述信息而被撤回。

对于 PCT 国际申请，进入印度国家阶段的期限最长可推迟到最早优先权日起 31 个月。

2. 公布阶段

CGPDTM 对于申请人提交的专利申请，除损害国家安全或因提交临时申请后未在 12 个月内提交完整申请说明书而放弃的，或提交申请后在 15 个月内撤回等情形，均自专利申请日或优先权日起满 18 个月在专利公报中予以公布。在专利申请公布之后，任何人都可在提交书面申请并缴纳相关费用后，对说明书、附图、摘要等申请文件以及 CGPDTM 与申请人之间的往来文件进行检查。此外，专利申请还可进行早期公布，申请人在提出早期公布申请后，CGPDTM 一般会在 1 个月内公布专利申请。自专利申请公布之日至专利授权日，申请人将获得临时保护权。

申请人如要撤回专利申请，可以在距专利申请公布日至少 3 个月之前办理，也可以在专利申请公布后至专利授权前的任何时候撤回。在专利申请公布日之前撤回专利申请的，可以在专利申请未公开的前提下重新提交申请。此外，任何人都可以在专利申请公布后 6 个月内以书面形式对印度专利申请提出异议，该异议被称为 Pre－Grant Opposition。接到他人异议后，申请人需在 3 个月内答辩。

3. 实质审查阶段

自申请日或优先权日起 48 个月内，申请人或任何第三方都可以对专利申请提出实质审查请求。

第一次审查意见通知书（FER）将在提出实质审查请求或专利申请公布日（两者中取其较晚者）起 6 个月内发给申请人或其代理人。申请人应自 FER 日起 12 个月内对申请文件完成答复或修改，以符合授权条件，该期限不能延长。

如果在该规定期限内，专利申请的缺陷未完全消除，专利申请将被驳回。如果专利申请满足所有要求，将被授予专利权，并在专利公报中进行公布。

但在实际操作中，由于 CGPDTM 案件积压情况比较严重，很多案子可能在提出实质审查请求 3 年后才会收到 FER。

4. 授权与维护阶段

专利授权后，任何人都可以在专利授权公布日起 1 年内提出异议，该异议被称为 Post－Grant Opposition。不论以临时说明书还是完整说明书的形式提交专利申请，专利权的保护期限都是自专利申请日起 20 年。

为保持专利有效性，专利权人须每年缴纳年费。

　　每年三月前申请人需要向 CGPDTM 提交上一年度的专利实施声明，这是一项具有印度特色的制度。如果不按时提交该声明本身不会造成专利权的丧失，但可能导致 10000 卢比的罚金，甚至是 6 个月的监禁。如果在专利侵权程序中要求以临时禁令方式获得救济，该专利必须处于使用状态。

　　印度专利法对于权利人不充分实施专利的行为规定了严格的限制。在专利权授予 3 年后，任何人认为印度人对于专利发明的合理需求没有得到满足或公众无法以合理价格获得专利发明，均可申请 CGPDTM 给予强制许可。这一点也需要中国申请人给予特别关注。

第二节　印度专利申请费用

一、印度专利申请官费

表 13 - 1 列举了印度专利申请的各项主要官费。

表 13 - 1　印度专利申请官费一览表

费用名称		卢比			人民币❶		
		自然人	小法人	大法人	自然人	小法人	大法人
新申请阶段	国家申请的申请费（Form - 1）	1000	2000	4000	102.46	204.92	409.84
	优先权超过 1 个，每个优先权（Form - 1）	1000	2000	4000	102.46	204.92	409.84
	说明书超过 30 页，每页说明书（Form - 2）	100	200	400	10.25	20.49	40.984
	权利要求超过 10 个，每个权利要求（Form - 2）	200	400	800	20.49	40.98	81.97
	提交同族国外申请信息（Form - 3）	0	0	0	0	0	0
	请求提前公开（Form - 9）	2500	5000	10000	256.15	512.30	1024.60
	延期请求，每个月（Form - 4）	300	600	1200	30.74	61.48	122.95
实质审查阶段	实质审查请求——申请人提出时（Form - 18）	2500	5000	10000	256.15	512.3	1024.6
	实质审查请求——其他利害关系人提出时（Form - 18）	3500	7000	14000	358.61	717.22	1434.44
授权阶段	批印费	0	0	0	0	0	0
	商业应用声明（Form - 27）	0	0	0	0	0	0

---

　　❶　做此统计时汇率为印度卢比/人民币 = 100：10.246，下同。

二、印度代理机构费用

表13-2是根据印度代理机构的报价，结合机械、电子、化学3个领域随机抽取的21个专利申请案子的账单，总结出的印度代理机构的收费情况。

表 13-2　印度代理机构收费统计表

申请阶段	代理费项目	金额			
		最低/美元	最高/美元	中位数/美元	平均/人民币
新申请阶段	准备和提交新申请	530	1091	561.00	3984.21
	提交 Form-1 和委托书	140	210	175.00	1097.52
	提交同族信息（每次）	80	231	155.00	954.01
	提交优先权译文	75	175	130.00	763.19
	转达公开通知	100	100	100.00	618.32
	本阶段总费用（不含杂费）	925	1807	1121.00	7417.25
实质审查阶段	实质审查请求	190	431	250.00	1658.71
	转达审查意见或其他通知（每次）	640	1607	1341.00	7233.11
	提交同族信息（每次）	80	231	155.00	954.01
	提交请求书（例如：非故意晚交同族信息，如发生，每次）	231	231	231.00	1428.32
	本阶段总费用（不含杂费）	1141	2500	1977.00	11274.15
授权阶段	转达专利证书和公告通知	155	478	190.00	1440.69

综上，申请1个印度专利的国外律师费（以一次实质审查答复计），约为人民币21000元。

第三节　印度专利申请的费用优惠及费用节省策略

一、印度专利申请的费用优惠

印度对于自然人作为申请人给予官费75%的减免。2014年2月28日起，印度新官费制度生效。新制度将法人细分为小法人和大法人，以往的缴费结构只有自然人和法人两层，因此将以往缴费结构中的自然人与法人两层结构改为自然人、小法人、大法人的三层结构。按照规定小法人官费可减免 50%。

新制度将法人划分为生产制造商品的企业以及提供服务的企业两类。该制度对非营利组织、研究所和大学没有具体界定，可将其归为第二类。根据印度相关规定，商品制造类企业的资本不多于 1 亿卢比（约 160 万美元）、服务类企业资本不多于 5000万卢比（约 80 万美元）的为小企业。

被认定为小企业法人，申请人需提交 Form－28，同时提供企业的登记证明或相关政府部门出具的证明文件。如文件为非英文，需提供英文译文。如果无法提供上述文件，申请人需签订一份声明。

二、在印度申请专利时的费用节省策略

1. 加快审查的方式

在印度，可通过提前公开和加快答复的方式加快审查流程，尽早获得专利权。印度法律规定在提交提前公开请求后，申请将在 1 个月内公开。同时，由于对审查意见的答复不设答复期限，但要求申请人在审查意见发文日起 1 年内满足全部授权条件。因此，越早答复审查意见，可以越早收到审查员的进一步意见，从而对申请人越有利。

2. 及时提交同族专利申请的状态进程报告

如前所述，印度专利法规定如果印度申请有国外同族专利申请时，申请人有义务及时（状态变化后 3 个月内）向 CGPDTM 提交国外同族专利申请的状态变化报告。如果未履行该义务，有可能导致印度申请被撤销。同时，在超过规定的提交期限后补交同族信息时，由于申请人需要向 CGPDTM 提交请求书，故相应地也会出现额外的国外律师费用。故此，中国申请人需随时监控同族专利申请的状态变化，并及时提交至CGPDTM。

3. 授权后阶段专利实施声明

在专利授权后，每年 3 月底前专利权人需要提交上一年度的专利实施声明。即使专利没有实施，该报告也要提交，并同时需要说明理由。通常专利未实施的理由可以类似于：该发明专利在印度缺乏需求；在印度缺乏实施该发明专利的技术条件和基础；正在印度努力寻找许可对象；关于该发明专利在印度的实施正在与他方进行洽谈中等。但必须提醒中国申请人注意的是，专利未实施很可能会引起第三方提出强制许可的请求；同时，如果在专利侵权程序中要求以临时禁令方式获得救济，该专利必须处于使用状态。

第十四章

巴 西

巴西是世界第五大国，也是目前成长最快的经济体之一，被称为"金砖五国"之一，2013 年 GDP 总值已名列全世界第 7 位，人均 GDP 名列世界第 58 位。在经济高速发展的同时，巴西非常重视知识产权制度的建设和发展。就专利而言，巴西是世界上早期建立专利制度的国家之一。巴西同时也是《巴黎公约》中工业产权保护的创始会员国。

1971 年，巴西政府出台了《工业产权法》。1978 年，巴西成为 PCT 缔约国，1995 年则加入世贸组织。近年来，巴西不断修改和完善专利制度，为保护知识产权提供更有效的法律保障。1996 年巴西修改了《工业产权法》，并于次年 5 月 15 日生效。设在里约热内卢市的巴西工业产权局（INPI）负责审查和批准专利申请、登记注册商标、审批引进技术等工作。该局隶属于巴西发展、工业和外贸部，现有工作人员约 600 人。近年来越来越多的创新活动在巴西进行，如，2011 年巴西的专利申请量提升了 17.2%。2012 年巴西共收到专利申请 3 万余件，其中 80% 来自国际申请人，美国、日本和欧洲的申请量排前 3 位❶。由于审查员数量与案量矛盾突出，巴西专利申请审查积压较为严重。这已成为几年来 INPI 大力着手解决的问题之一。

中国和巴西经贸往来频繁。中国已经成为巴西最大的进出口伙伴之一，一大批中国企业已进入了巴西市场。由于巴西本国重视知识产权建设，近年来外国企业对巴西知识产权制度了解不够，在巴西知识产权战略布局不足，而遭遇侵权诉讼的情况时有发生，因此中国企业有必要深入了解和研究巴西知识产权制度，以便积极参与、应对激烈的市场竞争。

第一节 巴西的专利保护类型和专利申请程序

巴西专利申请分为发明专利和实用新型专利两种，工业设计受《工业产权法》独

---

❶ 裴实. 进入巴西市场如何做足知识产权功课 ［EB/OL］.（2013 - 07 - 25）. http：//www. cipnews. com. cn/showArticle. asp？ Articleid = 28289.

立保护。发明专利保护期为申请之日起 20 年或授权之日起 10 年，实用新型专利则为申请之日起 15 年或授权之日起 7 年。工业设计的保护期为 10 年，此外还可以连续 3 次申请延期，每次 5 年。较之其他各国固定的发明专利保护期（多为 20 年）、实用新型专利保护期（多为 10 年），巴西的相应保护期均增加了从授权日起算的弹性条款，这主要是由于目前 INPI 案量积压严重，审查周期过长，通常至少 5～7 年，有些案子甚至拖上十几年，最终即便授权，对申请人行使权利也颇为不利，故此以从授权日起算的弹性保护期限加以弥补。

一、巴西发明专利申请程序

巴西发明专利申请流程大致可分为提交阶段、实质审查阶段和授权与维护阶段。

1. 提交阶段

与其他各国申请流程类似，申请人需要向 INPI 提交的文件包括：请求书、葡萄牙语说明书、权利要求书、摘要、附图和申请人签署的委托书。如果是通过《巴黎公约》途径，则还需自申请日起 180 天内（工业设计申请为 90 天内）提交优先权证明文件及其简单译文。必要时，还需提交优先权转让书。所有的专利申请都必须翻译成官方语言葡萄牙语提交，也可以先以拉丁语提交申请，但在 PCT 第 22 条或第 39（1）条规定的提交期限之前，至少权利要求书和摘要必须以葡萄牙语提交，申请文件的其他部分务必在 1 个月内补齐葡萄牙语文本。

巴西实行电子申请与纸件申请并行制。由于案量积压情况严重，INPI 2012 年起建立电子专利系统，并在部分项目的官费上给予一定的优惠，以鼓励申请人尽量提交电子申请，从而加快审查流程，尽量减少积压案量，争取在 2017 年消除积压。

2. 实质审查阶段

巴西采用早期公开（自申请日或优先权日起 18 个月即公开）和延迟审查（在申请日起 3 年内申请人提出审查请求后再进行实质审查）制度。提出实质审查请求前或者同时，申请人都可以提交主动修改。

申请公开后至审查终结前，任何第三方都可以提交文件来协助审查。审查员会对第三方提供的有关资料进行研究，以辅助其审查工作的开展。

在收到实质审查意见通知书后，申请人需要在 90 天内进行答复。在审查终结前（指的是审查程序结束前、授权或驳回决定公开前 30 天，以后到期的为准），申请人可以提出分案申请。

在实质审查阶段，申请人需逐年缴纳维持费。

3. 授权与维护阶段

在实质审查阶段，申请人通过答复审查意见克服了驳回意见后，INPI 会发出"授权通知"。申请人需要在该通知指定日期内缴纳授权费。随后，INPI 会发出专利证书。授权后的年费会相对于授权前的维持费大幅上涨（官费部分）。专利保护期为申请之日起 20 年或授权之日起 10 年。

二、巴西实用新型专利申请程序

巴西实用新型专利保护的对象为任何具有实用性的物品或其一部分，同时，这些物品还须可付诸工业应用、表现新的形状或排列，且涉及在物品的使用或制造中带来功能改进的创造性行为。在巴西，实用新型专利申请也需要进行实质审查，具体程序与发明专利申请类似。实用新型专利的保护期为申请之日起 15 年或授权之日起 7 年。在申请人进入巴西国家阶段后并且在专利授权决定公布以前的任何时候发明专利申请均可转换为实用新型专利申请。转换请求必须以书面形式提交，指出该国家申请号，附有一般程序请求表，同时必须缴纳一般手续费。

第二节　巴西专利申请费用

一、巴西专利申请官费

1. 发明官费

表 14 - 1 展示了巴西发明专利申请的各项主要官费。

表 14 - 1　巴西发明专利申请官费一览表

费用名称		标准官费				四折优惠后费用			
		电子申请		纸件申请		电子申请		纸件申请	
		巴西雷亚尔	折合人民币❶	巴西雷亚尔	折合人民币	巴西雷亚尔	折合人民币	巴西雷亚尔	折合人民币
提交阶段	申请费	175	490.81	235	659.08	70	196.32	95	266.44
	主动修改	90	252.41	120	336.55	35	98.161	50	140.23
实质审查阶段	提出实质审查请求	590	1654.71	590	1654.71	235	659.08	235	659.08
	超过 10 个权利要求，每个权利要求	100	280.46	100	280.46	40	112.18	40	112.18
	超过 15 个权利要求，每个权利要求	200	560.92	200	560.92	80	224.37	80	224.37
	超过 30 个权利要求，每个权利要求	500	1402.3	500	1402.3	200	560.92	200	560.92

---

❶ 做此统计时汇率为巴西雷亚尔／人民币 = 100∶280.46，下同。

费用名称		标准官费				四折优惠后费用			
		电子申请		纸件申请		电子申请		纸件申请	
		巴西雷亚尔	折合人民币	巴西雷亚尔	折合人民币	巴西雷亚尔	折合人民币	巴西雷亚尔	折合人民币
维持费	1~2	（BRL）295	（RMB）827.36			（BRL）118	（RMB）330.94		
	3~6	（BRL）780	（RMB）2187.59			（BRL）312	（RMB）875.04		
	7~10	（BRL）1220	（RMB）3421.61			（BRL）488	（RMB）1368.64		
	11~15	（BRL）1645	（RMB）4613.57			（BRL）658	（RMB）1845.43		
	16~20	（BRL）2005	（RMB）5623.22			（BRL）802	（RMB）2249.29		
授权阶段	授权费	（BRL）235	（RMB）659.08			（BRL）95	（RMB）266.44		
年费	1~2	（BRL）590	（RMB）1654.71			（BRL）236	（RMB）661.89		
	3~6	（BRL）1565	（RMB）4389.20			（BRL）626	（RMB）1755.70		
	7~10	（BRL）2440	（RMB）6843.22			（BRL）976	（RMB）2737.29		
	11~15	（BRL）3295	（RMB）9241.16			（BRL）1318	（RMB）3696.46		
	16~20	（BRL）4005	（RMB）11232.42			（BRL）1602	（RMB）4492.97		

注：维持费、授权费和年费无电子申请和纸件申请之分。

2. 实用新型官费

表14-2展示了巴西实用新型专利申请的各项主要官费。

表14-2 巴西实用新型专利申请官费一览表

费用名称		标准官费				四折优惠后费用			
		电子申请		纸件申请		电子申请		纸件申请	
		巴西雷亚尔	折合人民币	巴西雷亚尔	折合人民币	巴西雷亚尔	折合人民币	巴西雷亚尔	折合人民币
提交阶段	申请费	175	490.81	235	659.08	70	196.32	95	266.44
实质审查阶段	提出实质审查	（BRL）380	（RMB）1065.75			（BRL）150	（RMB）420.69		

续表

费用名称		标准官费				四折优惠后费用			
		电子申请		纸件申请		电子申请		纸件申请	
		巴西雷亚尔	折合人民币	巴西雷亚尔	折合人民币	巴西雷亚尔	折合人民币	巴西雷亚尔	折合人民币
维持费	1~2	（BRL）200	（RMB）560.92	（BRL）80	（RMB）224.37				
	3~6	（BRL）405	（RMB）1135.86	（BRL）162	（RMB）454.35				
	7~10	（BRL）805	（RMB）2257.70	（BRL）322	（RMB）903.08				
	11~15	（BRL）1210	（RMB）3393.57	（BRL）484	（RMB）1357.43				
年费	1~2	（BRL）405	（RMB）1135.86	（BRL）162	（RMB）454.35				
	3~6	（BRL）805	（RMB）2257.70	（BRL）322	（RMB）903.08				
	7~10	（BRL）1610	（RMB）4515.41	（BRL）644	（RMB）1806.16				
	11~15	（BRL）2415	（RMB）6773.11	（BRL）966	（RMB）2709.24				

二、巴西代理机构费用

根据巴西代理机构的标准报价，并结合机械、化学领域随机抽取的 21 个专利申请案子的账单，巴西代理机构的收费情况如表 14 - 3 所示。

表 14 - 3　巴西代理机构收费统计表

申请阶段	代理费项目	金额			
		最低/美元	最高/美元	中位数/美元	平均/人民币
新申请阶段	准备和提交新申请，提交优先权声明、翻译及简单修改	3543.98	5245.38	4898.72	28538.48
	主动修改	760	883	883	5266.50
实质审查阶段	提出实质审查请求	625	795	680	4293.45
	转达审查意见或其他通知，含翻译费（如发生，每次）	785	935.50	860.25	5378.46
	准备和答复审查意见或其他通知（如发生，每次）	425	1425	1287	6538.37
授权阶段	转达并翻译授权通知、核查权项、转达专利证书、缴纳批印费	885	970	885	5710.87

第三节　巴西专利申请的费用优惠及费用节省策略

一、巴西专利申请的费用优惠

根据巴西律师的介绍，由于目前巴西专利审查积压严重，虽然政府重视和鼓励包括专利在内的知识产权制度建设，但到目前为止，尚未出台鼓励本国申请人积极申请的费用资助及减免政策。相反，为尽量加快审查流程，鼓励申请人更多地使用电子申请系统，因此制定了优惠的电子申请官费。

同时，根据 WIPO 官方网站国家阶段申请人指南的介绍，PCT 国际申请进入巴西国家阶段，当申请人属于以下情况时，可享受 4 折优惠，即减免 60% 的官费费用：

（1）自然人（巴西本国国民，及外国人）；

（2）巴西国内的中小企业；

（3）巴西国内的合作社（Cooperative）；

（4）巴西国内的学术科研机构、非营利机构、公共研究机构。

营业地在国外的中小企业，是不能享受该减免政策的，因此，在多数情况下，费减适用的对象是自然人。值得注意的是，只有当正常缴费时，符合条件的申请人才能享受费减，对于滞纳金是必须全额支付的。当自然人将申请权或专利权转让给了企业时，自转让之日起，后续官费需全额缴纳；反之，若企业申请者将申请权或专利权转让给了个人时，自转让之日起，后续官费即减免 60%。

二、在巴西申请专利时的费用节省策略

1. 语言的翻译

巴西的官方语言为葡萄牙语。中国申请人在向外申请时，多数情况下准备 1 份英文文本，由当地律师转译为当地文字，这就存在着 3 种语言相互转换过程，因此，容易出现的语义模糊甚至错失的情况。特别是对于巴西这种官方语言为小语种的国家而言，选择高质量、口碑一流的当地代理机构，是获得可以有效行使的专利权的重要保证。

2. 加速审查程序的运用

根据巴西法律，在某些情况下，申请人可以申请加速审查。中国申请人可以酌情充分利用这一便利，申请加速审查，以节省审查时间成本，以及因审程过长带来的维持费成本。所述情况包括：

（1）当有迹象表明存在潜在侵权可能；或者

（2）申请人需要靠获得授权来筹措资金；或者

（3）申请人年龄大于 60 岁。

3. 善用可获费用减免的方法，节约成本获得巴西专利权

由于 PCT 国际申请进入巴西国家阶段，申请人有可能获得一定幅度官费优惠，因此中国申请人可根据自身的性质来确定是否通过 PCT 途径进入巴西以便最大限度地节约成本。同时，由于电子申请的官费要低于纸件申请（通常会在 30% 左右），且审查更为迅捷，也建议中国申请人在巴西采取电子申请的方式提交专利申请。

对于巴西专利申请，当权利要求超过 10 项时，会产生非常高额的权利要求附加费，例如：权利要求从第 11 项起每项的附加费约在 70 美元，从第 16 项起每项的附加费约在 130 美元，从第 30 项起每项的附加费约在 260 美元，所以如果申请人想要减少实质审查官费的话，可以考虑修改权利要求书，减少权利要求个数。

此外，按照巴西《工业产权法》第 64 条和第 66 条的规定，若一件专利处于寻求许可（Offer for License）的状态时（非独占许可），在第一次要约期间和第一次授予许可期间，专利年费可以减少到一半。

4. 特别提醒：强制许可问题与侵权诉讼

巴西《工业产权法》规定，如果自授权之日起 3 年内专利权人没有在巴西国内实施专利，或者终止实施在 1 年以上，或者虽然实施不能满足市场需要的，则可以采取强制许可。若专利授权后 4 年不实施，或订有许可合同 5 年不实施，或中止实施 2 年以上，即可宣布专利权失效。如果外国人在巴西获得了专利权，并且该项技术已在外国实施，则巴西有权进口专利产品而不必经过专利权人的同意。

同时，近些年来，巴西不断加强知识产权保护力度，外国公司在巴西遭遇侵权诉讼的案例屡见不鲜，中国申请人进入巴西市场前必须要充分认识和做好预警准备。

第十五章

墨西哥

墨西哥于 1840 年左右建立了专利保护制度，现行法律是 1991 年制定的《发展与工业产权法》。墨西哥工业产权局（IMPI）是墨西哥知识产权的主管机构之一（另一主管机构为墨西哥国家作者版权局）。IMPI 是由墨西哥原工商部创立的独立机构，它依据墨西哥《发展与工业产权法》负责专利和商标的注册，以及解决涉及此类问题的争端。

墨西哥参加了保护知识产权的多个国际组织。墨西哥政府也持续加强知识产权法律体系保护的建设和投入，收到了良好效果。IMPI 局长于 2014 年公开表示，墨西哥在知识产权方面处于拉丁美洲领先地位，表现在专利申请方面，墨西哥专利申请量持续上升，在 1994 年突破 9944 件，2013 年已经达到 15444 件❶。其中，欧洲公司是墨西哥专利系统中最活跃的用户，约占墨西哥专利申请量的 25%❷。而墨西哥本国申请人的专利申请量则有待提高。根据 IMPI 提供的数据，1994 年该机构授予墨西哥本国专利 288件，而 2013 年墨西哥本国申请人的专利授予量也仅为 302 件❸。

中国申请人在墨西哥的专利申请量维持少量上升的势头。根据 IMPI 公布的统计，2009 年中国申请人在墨西哥专利申请量为 21 件，2010 年为 30 件，而 2011 年为 41 件。虽然从数量而言申请量较小，但作为拉美地区特别是中美洲及加勒比海地区知识产权保护的重点国家，墨西哥知识产权保护的战略地位还是值得中国申请人重视和研究的。

墨西哥对专利的要求包括新颖性、创造性和工业实用性。如果一项发明不是现有技术，则该项发明可被认为是新颖的；创造性活动指一个提供创造的过程，该过程能使一个具有行业内经验的人获得无法从现有技术中获得的结果。理论或者科学原理，自然现象的发现、方案、计划，进行智力活动、比赛或者业务的规则和方法，外科手术、治疗或诊断的方法以及计算机程序等不能获得专利保护。

---

❶ ［EB/OL］.（2014 – 02 – 28）. http：//www. ipr. gov. cn/article/gjxw/gbhj/bmz/mxg/201402/1801347 _ 1. html.

❷ ［EB/OL］. http：//www. ipr. gov. cn/article/gjxw/gbhj/bmz/mxg/201402/1798741_ 1. html.

❸ ［EB/OL］. http：//www. ipr. gov. cn/article/gjxw/gbhj/bmz/mxg/201402/1801347_ 1. html.

第一节　墨西哥的专利保护类型和专利申请程序

根据《发展与工业产权法》的规定，墨西哥专利保护类型包括发明专利、实用新型专利和设计专利。在申请过程中，发明专利可转换为实用新型专利，反之亦然。

一、墨西哥发明专利申请程序

墨西哥专利申请整体流程大致可分为提交阶段、实质审查阶段和授权与维护阶段。

1. 提交阶段

与其他各国申请流程类似，申请人需要向 IMPI 提交的文件包括：请求书、西班牙语说明书、权利要求书、摘要、附图、申请人及见证人签署的委托书以及发明人签字的转让书。如果是通过《巴黎公约》途径，则还需提交优先权证明文件及带译者声明的西班牙语译文，优先权证明文件可以在自 IMPI 发出补正通知之日起 3 个月内提交，该期限不可延长。

当专利申请通过 PCT 途径进入墨西哥国家阶段时，可以先以 PCT 的原始公开文本递交，此时，IMPI 会发出一份补正通知，要求申请人 2 个月内补交对应的西班牙语的申请文件，该期限也可以申请延长 2 个月或以上。当通过非 PCT 途径进入时，西班牙语的申请文件必须在申请日当日递交。

2. 实质审查阶段

与美国专利法类似，申请人无须提出实质审查请求，通过形式审查后，申请会被公布，随后自动进入实质审查阶段。实质审查通知书的答复期限是 2 个月，可以自动延期 2 个月，但需缴纳延期费。在实质审查的过程中，IMPI 可能请求墨西哥国内的某些机构或学院进行协助。此外，IMPI 也可能接受或者要求申请人提供外国专利局对相关同族专利申请的审查结果。

3. 授权与维护阶段

在实质审查阶段，申请人通过答复审查意见克服了驳回意见后，IMPI 会发出"授权通知"。申请人需要在该通知指定日期内缴纳授权费及从当年起 5 年的年费。随后，IMPI 会发出专利证书。授权后的年费是 5 年缴纳一次。

从图 15 - 1 可以看出，墨西哥的发明专利流程与中国发明专利申请流程较为相似。

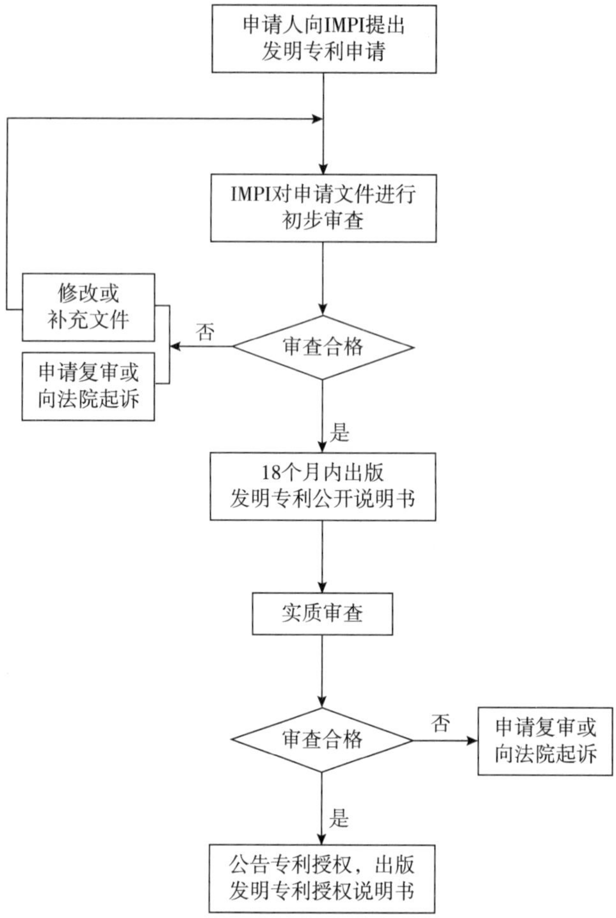

图 15 - 1　墨西哥发明专利申请流程图

二、墨西哥实用新型专利申请程序

墨西哥实用新型专利保护的对象包括：物品、器具、装置和工具等。在墨西哥，实用新型专利申请也需要进行实质审查，具体程序与发明专利申请类似。但是它的专利权保护期限只有 10 年。

第二节　墨西哥专利申请费用

一、墨西哥专利申请官费

1. 墨西哥发明专利申请官费

墨西哥发明专利申请官费如表 15 - 1 所示。

表 15 - 1　墨西哥发明专利申请官费一览表

费用名称		墨西哥比索（未包含 16% 增值税）	人民币❶
新申请阶段	申请费	7172.92	3404.27
	根据 PCT 第一章进入国家阶段	5711.14	2710.51
	根据 PCT 第二章进入国家阶段	3737.75	1773.94
	提前公开请求	1084.72	514.81
	声明优先权费，每个优先权	996.28	472.83
	发明专利转换为实用新型专利，或相反	2668.71	1266.57
授权阶段	授权费	2911.88	1381.98
	年费（第 1～5 年），每年	1055.18	500.79
	年费（第 6～10 年），每年	1282.78	608.81
	年费（第 11～20 年），每年	1517.47	720.19

2. 墨西哥实用新型专利申请官费

墨西哥实用新型专利申请官费如表 15 - 2 所示。

表 15 - 2　墨西哥实用新型专利申请官费一览表

费用名称		墨西哥比索（未包含 16% 增值税）	人民币
新申请阶段	申请费	2056.71	976.11
	根据 PCT 第一章进入国家阶段	2074.99	984.79
	根据 PCT 第二章进入国家阶段	1213.76	576.05
	声明优先权费，每个优先权	996.28	472.83
	实用新型专利转换为发明专利，或相反	2668.71	1266.57
授权阶段	授权费	632.15	300.02
	年费（第 1～3 年），每年	1016.91	482.63
	年费（第 4～6 年），每年	1065.78	505.82
	年费（第 7～10 年），每年	1224.17	580.99

二、墨西哥代理机构费用

根据墨西哥事务所的报价，结合账单抽样，计算出墨西哥发明申请平均收费情况

---

❶　做此统计时汇率为墨西哥比索/人民币 = 100∶47.46，下同。

如表 15 – 3 所示。

表 15 – 3　墨西哥代理机构收费表

项目	国外律师费/美元	16% 增值税/美元	合计美元/美元
准备和提交新申请	1300	208	1508
翻译，每百字	19	3.0	1870
补交文件、提交修改	160	25.6	185.6
答复审查意见，每次	1180	188.8	1368.8
授权办登记、缴纳年费	500	80	580

第三节　墨西哥专利申请的费用优惠及费用节省策略

一、墨西哥专利申请的费用优惠

包括墨西哥本国和外国申请人在内，在下列情况的下可依据《发展与工业产权法》第 2 章申请费减免 50%❶：

（1）发明人，或

（2）中小企业，年收入在 1 亿墨西哥比索以下，工业和服务行业雇员最多在 50 人，商业行业雇员最多在 30 人，或

（3）公共的或是私人的高等教育机构，以及社会科学技术机构。

二、在墨西哥申请专利时的费用节省策略

根据《中华人民共和国国家知识产权局与墨西哥工业产权局关于专利审查高速路试点的谅解备忘录》，中墨专利审查高速路试点已于 2013 年 3 月 1 日启动，并获得延长。这将大大缩短专利申请周期，并节省相应费用。借鉴韩墨之间的施行 PPH 的经验，专利审查周期从平均 3 年半缩短至 1 个月❷。

如果申请人符合墨西哥中小企业资格，最好在新申请提交的当时就向 IMPI 提交一份小企业资格声明（Small Entity Declaration），因为一旦按照标准官费全额缴纳申请费之后，再提交小企业资格声明时，多缴纳的官费是不予退还的。

---

❶　来自国家知识产权局网站 2011 年的信息。

❷　韩墨两局将实施"专利审查高速路"项目［EB/OL］. http：//www.sipo.gov.cn/dtxx/gw/2012/201204/t20120420_ 674576. html.

　　另外中国申请人还需注意到，墨西哥的官费设置比较精细，不同的途径在墨西哥申请，官费是不同的：通过 PCT 第二章进入墨西哥时，其申请费比通过 PCT 第一章进入的要低一些；与其他非 PCT 途径相比（例如《巴黎公约》途径），PCT 途径的官费要相对低一些。申请人可根据申请策略作出综合判断，选择最适当的申请途径。

第十六章

PPH、五国合作与各国费用节省策略

第一节　PPH 总论[1]

一、PPH 的概念

PPH 是 Patent Prosecution Highway 的简称，这一项目的中文名称为"专利审查高速路"。该项目由 JPO 和 USPTO 两局最先提出，旨在加快一国申请人在另一国的专利申请实质审查阶段的程序。

PPH 是指，申请人提交首次申请的专利局（Office of First Filing，OFF）认为该申请的至少一项或多项权利要求可授权，只要相关后续申请满足一定条件，申请人即可以 OFF 的工作结果为基础，请求后续申请的专利局（Office of Second Filing，OSF）加快审查后续申请。

目前，可就申请提出 PPH 请求的 3 种基本情形如图 16 - 1 所示[2]。

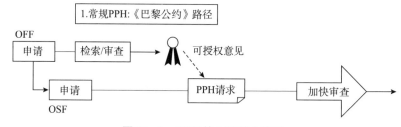

图 16 - 1　PPH 的 3 种基本情形

---

[1]　国家知识产权局专利局审查业务管理部. 专利审查高速路（PPH）用户手册［M］. 北京：知识产权出版社，2013.

[2]　国家知识产权局专利审查高速路（PPH）介绍［EB/OL］.（2011 - 05 - 25）. http：//www. sipo. gov. cn/zt-zl/ywzt/pph/js/201311/P020131104520884290752. pdf.

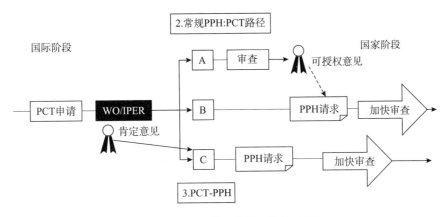

图 16 - 1　PPH 的 3 种基本情形（续）

二、PPH 的种类

1. 常规 PPH

常规 PPH 是指，申请人提交 OFF 认为该申请的至少一项权利要求具有可专利性/可授权性，在其根据《巴黎公约》提交的后续申请或是进入该国家的 PCT 国家阶段申请的权利要求充分对应的情况下，申请人即可以 OFF 给出的可授权意见为基础，向 OSF 提出 PPH 请求，加快审查后续申请。

2. PCT - PPH

PCT - PPH 是指，当申请人从特定的国际检索单位或国际初步审查单位（ISA/IPEA）收到肯定的书面意见或国际初步审查报告（WO/IPER），指出其 PCT 国际申请中至少有一项权利要求具有可专利性，申请人可请求有关专利局对相应的国家/地区阶段申请加快审查。

三、PPH 的历史沿革

1. 双边协议

如前所述，PPH 项目最早是由 JPO 和 USPTO 最早提出的，并以双边协议的方式加以试点和实施。由于该程序对节约各国审查资源、提高工作效率等方面的优势明显，很快在各专利局得以推广。截止到 2014 年 4 月，全球参与 PPH 项目的专利局总计 31 个。参与 PPH 双边协议的各专利局根据双边协议及本国法的规定对相互提交的 PPH 请求进行审查。

2. 多边试点项目之"PPH MOTTAINAI"❶

"MOTTAINAI"是一个日语词汇，意指"由于目标或资源的固有价值未被适当利用而对由此导致的浪费产生遗憾的感觉"。"PPH MOTTAINAI"是 JPO 在 2011 年 2 月在

---

❶　更多信息可参阅国家知识产权局网站 PPH 专栏 http：//www. sipo. gov. cn/ztzl/ywzt/pph/xglj/。

日本东京召开的复边 PPH 工作层会议上提出的 PPH 扩展试点的模型，旨在进一步放宽对 PPH 用户的要求，使 PPH 对用户更加友好和易用。由于该扩展试点建议在该次工作层会议上得以通过并在随后召开的 PPH 局长级会议上获得批准，从 2011 年 7 月 15 日起，日本特许厅、美国专利商标局、英国知识产权局、加拿大知识产权局、澳大利亚知识产权局、芬兰国家专利与注册委员会、俄罗斯联邦知识产权局和西班牙专利商标局等八国专利局在现有双边 PPH 试点的基础上，进行名为"PPH MOTTAINAI"的一年期扩展试点。随后该试点工作继续得以维持。

PPH MOTTAINAI 解决了双边 PPH 框架下的某些局限。在现有双边 PPH 框架下，PPH 请求的提出主要遵循"首次申请"原则，即申请人一般只能基于其提交 OFF 的审理结果向其提交的 OSF 提出 PPH 请求。换言之，OFF 应该先于 OSF 提供审查结果。由于各专利局审查积压和周期的情况各不相同，OFF 并不能总是先于 OSF 提供审查结果，因此"首次申请"原则在某种程度上限制了局际工作结果的充分利用。例如，在现有双边 PPH 框架下，申请人在以下情形下提出的 PPH 请求不能被批准：

（1）依《巴黎公约》有效要求 OFF 申请优先权的申请，但 OSF 先于 OFF 作出肯定的审查意见；

（2）《巴黎公约》途径或 PCT 路径，B 局和 C 局有 PPH 协议，但首次申请来自 B 和 C 之外的 A 局。

与现有双边 PPH 框架不同的是，"PPH MOTTAINNAI"突破了"首次申请"原则，只要有关于申请的在先审查结果，其他专利局皆可利用，实现工作共享，从而对申请人更为友好，更有利于申请人实现"一国授权、多国加快"。因此，在"PPH MOT-TAINAI"中，上述两种情形下提出的 PPH 请求与双边 PPH 框架下"首次申请"原则情形下的 PPH 请求一样，均可以被批准。通俗来讲，就是"PPH MOTTAINNAI"允许反向加快，同时也允许首次申请来自第三国的申请，在"PPH MOTTAINNAI"范围内享受同族专利间参加"PPH MOTTAINNAI"的专利局的审查结果。

"PPH MOTTAINNAI"要求各专利局在执行 PPH 程序时，要遵循各国国内法规对 PPH 作出的相关规定。在试点运行后，该项目又推出了 PPH MOTTAINNAI 2.0 版。该版允许各国审查员登录各试点局的内部案件访问系统查询案卷审查信息，从而简化了 PPH 的办理手续，同时还允许对相关文件提交机器翻译。

3. 多边试点项目之"全球专利审查高速路"（Global Patent Prosecution Highway，Global PPH）❶

2014 年 1 月 6 日，Global PPH 正式启动。截止到 2016 年 9 月，参加该项目的专利局共计 21 个：澳大利亚知识产权局、加拿大知识产权局、丹麦专利商标局、芬兰国家专利与注册委员会、葡萄牙工业产权局、冰岛专利局、以色列专利局、日本特许厅、韩国知识产权局、挪威专利局、北欧专利局、匈牙利知识产权局、俄罗斯联邦知识产权局、西班牙专利商标局、瑞典专利和注册局、英国知识产权局、美国专利商标局、

---

❶ 更多信息可参阅国家知识产权局网站 PPH 专栏 http：//www. sipo. gov. cn/ztzl/ywzt/pph/xglj/。

新加坡知识产权局、爱沙尼亚专利局、奥地利专利局、德国专利商标局。

与"PPH MOTTAINNAI"相比，Global PPH 试点项目下的专利审查高速路审查，具有统一的审查标准，遵循共同的指南。加入该项目的各国专利局之间无须具有双边 PPH 协议。只要加入了该试点项目，即被认为该国专利局将遵循该项目的统一规章进行 PPH 的流程工作。加入 Global PPH 的国家就等同于与所有成员国签署了 PPH 协议。Global PPH 所需的文件种类也力争在成员国之间实现统一。对于希望一次在多个国家获得专利的企业来说，Global PPH 的实行会使其申请和审查程序更加快捷与方便。

该项目正式使用"首次审查局（OEE）"和"在后审查局（OLE）"的概念，与"PPH MOTTAINNAI 2.0"相似，Golbal PPH 也允许机器翻译，同时，各国专利审查文件将通过 DAS 系统（Dossier Access Systems）进行局间交换，从而简化了各国专利局的操作，也减轻了申请人提交案卷审查历史的义务。

4. 多边试点项目之五局合作（IP5 – PPH）

2013 年 9 月下旬，欧洲专利局、日本特许厅、韩国知识产权局、中国国家知识产权局、美国专利商标局在瑞士日内瓦达成协议，于 2014 年 1 月启动五局联合专利审查高速路试点。该项目被称为 IP5 – PPH，目前已经在五局间开展。这是中国目前唯一加入的小多边 PPH 试点项目，也是目前中国国家知识产权局与欧洲专利局进行 PPH 合作的唯一途径。根据该协议，对于被五局之一认定为具有可授权权利要求的申请，在满足其他条件的情况下，申请人可向其他四局就该申请提出的对应待审申请提出加快审查请求。同样，申请人向五局之任意局提出的 PPH 请求，可基于五局作出的 PCT 国际阶段工作结果或国家/地区的审查成果。实质上为小多边的 IP5 – PPH 工作的开展将极大地促进五局间的审查合作，并加速各局审查进程，更好地服务于申请人。

根据该协议，在现行的双边 PPH 继续开展的同时，上述五局的对应申请间，允许出现"一国授权、多国加快"的情形。与前文介绍的"PPH MOTTAINNAI"及 Global PPH 一样，IP5 – PPH 允许反向加快，也允许首次申请来自第三国的申请，在 IP5 – PPH 范围内享受同族专利间参加 IP5 – PPH 的专利局的审查结果。

例如，中国申请人首先在中国申请了专利，然后以此为优先权在美国、日本等国进行了申请。如果由于某种原因，在美国的同族专利申请早于中国专利申请获得肯定性的审查意见，那么根据 IP5 – PPH 的规程，申请人可以美国同族专利的审查结果在中国国家知识产权局要求 PPH 加快，这就是反向加快的含义。

又如，在 IP5 – PPH 的框架下，上述这个例子中的美国同族专利的审查结果，同样可以在日本特许厅加快相应日本同族专利申请的审查。

四、中国参加的 PPH 项目

截止到 2016 年 8 月，中国国家知识产权局已经与 15 个国家的专利局签署了双边 PPH 试点项目（同时包括常规 PPH 和 PCT – PPH），包括日本特许厅、美国专利商标局、俄罗斯联邦知识产权局、芬兰国家专利与注册委员会、丹麦专利商标局、墨西哥工业产权局、奥地利专利局、韩国知识产权局、西班牙专利商标局、波兰共和国专利局、英国知识产权局、冰岛专利局、瑞典专利和注册局、以色列专利局及匈牙利知识产权局。其中中丹、中墨、中波、中英、中冰、中匈双边 PPH 协议规定，中国国家知识产权局只接受来自上述国家专利局的常规 PPH 请求，而上述专利局可接受来自中国国家知识产权局的常规 PPH 和 PCT – PPH 请求；中国国家知识产权局还与德国专利商标局、加拿大知识产权局、新加坡知识产权局及葡萄牙工业产权局 4 个专利局签署了双边常规 PPH 试点项目（不包括 PCT – PPH），其中在中加 PPH 协议中，中国申请人向加拿大知识产权局提出 PPH 请求是通过“PPH MOTTAINNAI”项目进行的❶。

除上述双边的 PPH 协议外，如前文所述，中国国家知识产权局与欧洲专利局、日本特许厅、韩国知识产权局、美国专利商标局共同参加和启动了五国合作的 IP5 – PPH 项目，这是中国参加的唯一一个小多边 PPH 项目，也是中国国家知识产权局与欧洲专利局开展 PPH 审查加快的唯一渠道。

第二节　PPH 的优势

目前世界公认的 PPH 路径的优势在于：审查周期快、节省费用、授权率高。除节省费用外，其他两个优势也会起到节省申请成本的作用。

一、审查周期快

所谓的审查周期快，主要是指两个方面，一方面是入审快，即通常意义上申请人获得第一次审查意见的周期比不通过 PPH 加快程序的案件收到第一次审查意见通知书的周期要短。另一方面是结案快，即从开始审查到授权（或者驳回）的时间也会较短。在陈述 PPH 的优势时，常常会提到 PPH 程序大大缩短了这两个时间，但事实上，这两个时间的缩短，还可能直接带来维持费用的节省。众所周知，有些国家和地区的专利申请在授权前仍然每年要缴纳维持费，如德国、加拿大以及欧洲等。除 EPO 和中国国家知识产权局未签订双边 PPH 外，加快审查周期可以直接节省中国申请人在上述国家和地区的维持费成本。对于欧洲专利而言，则可以通过 2014 年 1 月开始实施的五国协作 IP5 – PPH，节约流程时间，从而节省维持费用。当然在专利授权后专利需要缴纳年费，而且通常各国的年费会高于维持费。但是，年费缴纳是申请人自主的选择，而维持费是为了专利授权不得不缴纳的费用。同时，就国内申请人而言，专利授权后的年费维护费和专利申请时的维持费通常不是一个项目经费。因此节省维持费是节约了申请成本，而授权后的年费维护成本则可以根据该技术的市场前景和商业战略再制定。

以下是有关审查周期加快的一些统计数据。

---

❶　http：//www. sipo. gov. cn/ztzl/ywzt/pph/xglj/201606/P020160602358389242222. pdf. 数据更新至 2016 年 5 月 1 日。

1. 入审快的部分数据

表 16 - 1 是 2014 年下半年 JPO 网站公布的 2013 年 7 ~ 12 月有关各国专利局使用 PPH 加快入审的数据统计，其中的数据代表在各国专利局从提交 PPH 请求到第一次审查意见通知书发文的日期。其中全部案既包括了通过 PPH 途径的申请，也包括了未请求 PPH 加快的申请。

表 16 - 1　2013 年 7 ~ 12 月各国专利局使用 PPH 加快入审的数据统计表　　单位：月

国别	全部案	常规 PPH	PCT - PPH
日本	13.0	2.0	2.4
美国	18.0	4.4	5.2
韩国	13.2	2.5	3.1
加拿大	15.8	1.7	2.0

表 16 - 2 是 2016 年下半年 JPO 网站公布的 2015 年 7 ~ 12 月有关各国专利局使用 PPH 加快入审的数据统计，其中的数据代表在各国专利局从提交 PPH 请求到第一次审查意见通知书发文的周期。其中全部案既包括了通过 PPH 途径的申请，也包括了未请求 PPH 加快的申请。部分数据未提供。

表 16 - 2　2015 年 7 ~ 12 月各国专利局使用 PPH 加快入审的数据统计表　　单位：月

国别	全部案	常规 PPH	PCT - PPH
日本	9.6	2.6	4.6
美国		7.5	7.5
韩国		2.3	2.7
加拿大	13.4	0.7	0.9

从上述两个时段的数据跟踪可以看出，通过 PPH 加快请求，各国专利局都可以大大加快审查流程，尽早发出审查意见通知书。

2. 授权快（结案快）的部分数据

表 16 - 3 是 2014 年下半年 JPO 网站公布的 2013 年 7 ~ 12 月有关各国专利局使用 PPH 加快结案的数据统计，其中的数据代表在各国专利局从提交 PPH 请求到结案（授权或驳回）的周期。其中全部案既包括了通过 PPH 途径的申请，也包括了未请求 PPH 加快的申请。

表 16 – 3　2013 年 7 ~ 12 月各国专利局使用 PPH 加快结案的数据统计表　　单位：月

国别	全部案	常规 PPH	PCT – PPH
日本	22.0	6.7	4.1
美国	29.0	14.0	14.1
韩国	19.1	4.9	6.3
加拿大	35.1	5.7	3.8

表 16 – 4 是 2016 年下半年 JPO 网站公布的 2015 年 7 ~ 12 月有关各国专利局使用 PPH 加快结案的数据统计，其中全部案既包括了通过 PPH 途径的申请，也包括了未请求 PPH 加快的申请。部分数据未提供。

表 16 – 4　2015 年 7 ~ 12 月各国专利局使用 PPH 加快结案的数据统计表　　单位：月

国别	全部案	常规 PPH	PCT – PPH
日本	18.8	7.2	9.6
美国		17.4	17.4
韩国		5.7	7.0
加拿大	33.6	5.5	5.6

从上述两个时段的数据跟踪可以看出，通过 PPH 加快请求，各国专利局都可以大大加快审查流程，尽早审结专利申请。

从上面两个方面的各国数据都可以看出，PPH 流程大大加快了入审和结案的时间，从而节约某些国家的维持费。

二、费用节省

PPH 的实质是 OLE 利用 OEE 的工作成果，在参考在先审查的工作成果的基础上进行进一步审查，因此，OLE 在进行审查时依据的申请文件已经是由申请人在前面的审查过程中对实质内容和形式内容的缺陷进行过弥补和处理的成果。故此，在后审查时面临的各方面的缺陷都已大大减少，显而易见，这将减少在后审查局的审查意见的发出次数，甚至 OLE 收到 PPH 请求并参考在先工作成果进行独立审查后，很有可能不发出审查意见就直接作出授权的决定（一次授权率的概念）。同时在实践中也可以看到，在后审查的审查意见内容与未使用 PPH 加快程序的申请的审查意见相比也很有可能更加简洁，因此使用 PPH 加快程序后，在实质审查阶段，会因为 OLE 的审查意见的次数减少、内容简洁等，节省相应的律师费用，从而达到节省申请成本的目的。当然，提交 PPH 请求，会额外产生一部分律师费用。但由于 PPH 请求是一种程序行为而非实体技术分析，因此律师费用相比答复一次审查意见要节省不少。因此，以提交 PPH 的方式加速审查，无疑会大大节省申请人的申请成本。

另外，除韩国外，目前所有的 PPH 加快请求在当地专利局都是免费的程序，官费方面不会额外加重申请人的负担。

1. 审查意见轮数的减少

我们可以从各国专利局的数据统计中看出各专利局使用 PPH 途径后审查意见减少的趋势。

表 16 – 5 的数据来自 JPO 网站，显示的是 2013 年 7～12 月的各国专利局因采用 PPH 程序而减少的审查意见轮数的情况。部分数据未提供。

表 16 – 5 2013 年 7～12 月各国专利局使用 PPH 减少审查意见轮数的数据统计表　　单位：次

国别	平均 OA 数	常规 PPH	PCT – PPH
日本	1.1	1.0	0.5
美国	2.4		
韩国		0.7	0.8
加拿大	1.6	0.7	0.6

表 16 – 6 的数据来自 JPO 网站，显示的是 2015 年 1～6 月的各国专利局因采用 PPH 程序而减少的审查意见轮数的情况。部分数据未提供。

表 16 – 6 2015 年 1～6 月各国专利局使用 PPH 减少审查意见轮数的数据统计表　　单位：次

国别	平均 OA 数	常规 PPH	PCT – PPH
日本	1.1	1.0	1.1
美国	3.1	2.9	2.9
韩国		0.8	0.9
加拿大	1.8	0.9	1.0

2. 一次授权率

一次授权率是指提交了 PPH 请求/实审请求后，外国专利局没有发出审查意见，直接授权的情况。从表 16 – 7 的来自 JPO 网站的 2013 年 7～12 月的数据统计（部分数据未提供）可以看出，采用 PPH 程序后，一次授权率得到了很大提高，从而节省了实质审查阶段的代理费用。部分数据未提供。

表 16 - 7　2013 年 7 ~ 12 月各国专利局使用 PPH 增加一次授权率的数据统计表

国别	所有申请	常规 PPH	PCT - PPH
日本	16%	24%	63%
美国	17.3%	27.1%	19.9%
韩国	10.5%	48.8%	31.1%
加拿大	4.6%	39%	42%
澳大利亚	0	70%	40%
俄罗斯	0	59%	
墨西哥	0	89.3%	0

2015 年 7 ~ 12 月各国专利局使用 PPH 增加一次授权率的数据统计如表 16 - 8 所示。部分数据未提供。

表 16 - 8　2015 年 7 ~ 12 月各国专利局使用 PPH 增加一次授权率的数据统计表

国别	所有申请	常规 PPH	PCT - PPH
日本	9.5%	16.7%	16%
美国	14%	20%	20%
韩国		22.7%	10.3%
加拿大		21%	25%
澳大利亚	3%	61.5%	
俄罗斯	25%	87%	80%
墨西哥		73.9%	55.6%

从上述两组数据可以看出，利用 PPH 加快流程可以有效地减少审查意见的次数，甚至直接获得专利权，从而减少了实质审查阶段的代理费用。

三、授权率高

各国数据均表明，通过 PPH 加快审查的专利申请的授权率相对于一般申请的授权率要高。鉴于国内申请人投入专利申请的费用还是很有限的，因此基本上走向国外的专利申请都是经过申请人千挑万选、在目标国有市场或有重要意义的案子。因此，申请结果对于国内申请人来讲是很重要的。

如果某国外申请被外国专利局驳回，而申请人接受了驳回结果，意味前面的十几万元人民币申请费用投资失败，同时也意味着在该市场丧失了法律保护。因此在实践中，如果审查得到了负面结果，申请人通常会选择根据当地法律继续申请（如美国的 RCE/CA/CIP），以更多的成本投入换取专利保护；或者采用申诉（复审）甚至诉讼的方式谋求最终授权，这当然意味更多的费用，特别是当地律师费用。而 PPH 流程可以获得更高的授权率，从这个角度讲也是对申请人的申请费用的隐性节省。同时，较高的授权率，也使申请人能够尽早地在当地享有并主张自己的专利权。

有关授权率，各国专利局也分别就参与 PPH 的申请和全部申请进行了比较，并且在 JPO 的 PPH 门户网站进行了数据披露。部分数据未提供。

表 16-9 和表 16-10 分别显示的是 2013 年 7~12 月和 2015 年 7~12 月各国专利局授权率统计数据。

表 16-9　2013 年 7~12 月各国专利局授权率的数据统计表

国别	所有申请	常规 PPH	PCT-PPH
日本	69%	93%	75%
美国	53%	86%	88%
韩国	65.6%	88.6%	85.9%
加拿大	65%	91%	100%
澳大利亚		100%	89%
俄罗斯	83%	100%	
墨西哥		97.7%	

表 16-10　2015 年 7~12 月各国专利局授权率的数据统计表

国别	所有申请	常规 PPH	PCT-PPH
日本	71%	75%	94%
美国	53%	87.9%	90.5%
韩国	67.5%	91.3%	87.1%
加拿大	65%	88%	92%
澳大利亚		100%	100%
俄罗斯	44%	98%	
墨西哥		96.4%	100%

第三节　PPH 加快程序节省费用的样本分析

本节以 USPTO 为样本对 PPH 加快程序节省费用进行分析。前文数据已经对在 USPTO 使用 PPH 加快审查流程的情况作出了统计。根据上一节中 USPTO 提供的各类统计数据整理的表 16-11，展示了在 USPTO 使用 PPH 加快程序后对整体申请流程的加快。

表 16 – 11　在 USPTO 使用 PPH 加快程序对申请流程的影响

	常规 – PPH	PCT – PPH	所有申请
授权率	87.9%	90.5%	53%
一次授权率	20%	20%	14%
通知书次数/次	2.9	2.9	3.1

下面我们以 USPTO 提供的一个例证来测算 PPH 程序对美国申请费用的节省。该例证最早发表于 2011 年 AIPLA 经济调查报告❶，所有数据来源皆来自此报告。

一、审查阶段的费用节省

1. 不复杂的审查意见

一个美国专利申请在审查过程中，假设该专利申请的审查意见并不复杂，那么，根据该年度报告给出的数据，从理论测算的角度，在假设对通知书作出一次简单的答复/修改的平均成本为 2086 美元的情形下，使用 PPH 程序可能节省的审查费用如表 16 – 12 所示。

表 16 – 12　在 USPTO 使用 PPH 程序节省的审查阶段费用（不复杂的审查意见）　单位：美元

类型	花　费
非 PPH 申请	5424（2086/答复×2.6 次通知书）
常规 PPH 申请	4798（2086/答复×2.3 次通知书）→节省 626
PCT – PPH 申请	3338（2086/答复×1.6 次通知书）→节省 2086

需要说明的是，上述费用不包括申请人节约开销或当地律师事务所答复通知书的收费优惠，也不考虑通过 PPH 减少在美国实质审查阶段提交的 RCE 和上诉等程序所节省下来的费用——有关这部分内容稍后将专门介绍；同时上述费用节省也没有考虑通常由律师收取的 PPH 请求费。

综上，在不复杂的审查意见的情况下，通过 PPH 程序，每个美国申请平均节约成本为 626～2086 美元。

2. 复杂的审查意见

如果遇到的美国专利的审查意见较为复杂，假设每次通知书的答复/修改的平均成本为 2978～3889 美元，则使用 PPH 程序后在 USPTO 申请专利可节约的成本如表 16 – 13 所示。

---

❶　[EB/OL]. http：//www. buigarcia. com/docs/AIPLA – PPH（HHB）. pdf.

表 16 – 13　在 USPTO 使用 PPH 程序节省的审查阶段费用（复杂的审查意见）　单位：美元

类型	最低费用	最高费用
非 PPH 申请	2978/答复 ×2.6 次 = 7743	3889/答复 ×2.6 次 = 10111
常规 PPH	2978/答复 ×2.3 次 = 6849	3889/答复 ×2.3 次 = 8945 节省 894 ~ 1166
PCT – PPH	2978/答复 ×1.6 次 = 4765	3889/答复 ×1.6 次 = 6222 节省 2978 ~ 3889

综上，在一定复杂的审查意见的情况下，通过 PPH 程序，每个美国申请平均节约成本为 894 ~ 3889 美元。

上述的费用节省是基于美国专利申请在审查阶段，由于采用了 PPH 程序，减少了审查意见的次数，而理论测算出的成本节约。这种测算是理想化的数据统计。实际上，中国申请人在美国以 PPH 方式加快其美国申请的审查，还会有其他一些成本，例如，提交 PPH，美国事务所和中国代理机构也都会收取一定的服务费。但同时，上述数据仅仅测算的是在审查意见次数减少的情况下，美国律师的费用节省，而由于次数减少，中国代理机构的代理费也会相应减少，虽然减少幅度与美国相比会少很多。

二、后续程序的费用节省

使用 PPH 程序在美国加快审查，不仅可以节省专利审查中的费用，而且相应地，当 USPTO 给出不利于申请人的审查结论后，如在第三章中所述，为获得专利保护，申请人往往会通过提交 RCE 或者上诉或者 CP/CIP 的方式来继续审查程序，谋求授权。而如果使用 PPH 途径后，由于授权率提高，采用 RCE/上诉/CP/CIP 的情况会相应减少，从而同样会降低在美国获得专利保护的成本。从增加授权率的角度来测算，可能节省的费用成本为：

对于 CP/CIP 而言，由于这两种申请是独立的美国申请，因此如果原美国申请得到不利的审查结论后以该方式继续谋求授权的话，申请人将多付出一个完整美国专利申请的费用成本；而对于 RCE/上诉途径而言，使用 PPH 途径增加授权率，从而降低 RCE/上诉机会而获得的隐性成本。根据 USPTO 相关统计数据，降低隐性成本的具体情况如表 16 – 14 所示。

表 16 – 14　通过 PPH 程序降低 RCE/上诉机会的数据统计表

项目	PPH 案	非 PPH 案	官费/美元
RCE 率	11%	31%	810
上诉率	0.3%	2.5%	1000

这里统计出来的数据仅为官费成本。值得注意的是，实践中 RCE/上诉的美国律师费相当高昂，我们如果以在第三章中测算出的实践数据加以套用，成本节约将非常可

观。而且，上述数据中的官费为 2011 年的统计数据，近年来，美国官费进行了调整。以 RCE 为例，现行官费为第一次提交 1200 美元，第二次起，每提交一次金额为 1700 美元。小企业享受上述金额的 50% 减免。

综上所述，一个利用 PPH 程序的理论案例可能节省的显性和隐性费用非常可观。假设一个审查意见较为复杂的申请案卷，通过 PPH 程序获得了授权而避免了一般审查过程收到不利审查结果后提交 RCE/上诉的情况，那么可以节省的费用如表 16 - 15 所示。

表 16 - 15　潜在节省费用 　　　　　　　　　　　　　　　　　　　　单位：美元

	常规 PPH 节省	PCT - PPH 节省
审查意见节省	1166	3889
RCE 费节省	810（现在更高）	810（现在更高）
上诉费节省	1000（现在更高）	1000（现在更高）
上诉服务费节省（无口审）	4931（由 USPTO 提供的参考数据，RCE 代理费会略低）	4931（由 USPTO 提供的参考数据，RCE 代理费会略低）
总计	约 7097/每件申请（至少）	约 9820/每件申请（至少）

注：此表表示通过 PPH 在 USPTO 获得授权可以避免复杂审查意见及后续程序从而潜在节省费用的情况。

第四节　中国申请人使用 PPH 程序的情况及对中国申请人的建议

PPH 因为具有可以加快审查、提高审查质量、降低申请成本等多种优势，自建立后就为美、日、韩、欧等申请人广泛应用。如本章第一节所述，我国于 2011 年 11 月开始陆续与一些国家开展双边的 PPH 试点工作。但由于各种原因，试点工作呈现出非常不平衡的情况。国内申请人对 PPH 程序运用不够充分，而与此同时国外申请人却通过在中国国家知识产权局大量使用 PPH 程序而获得了上述种种收益。故此，大力宣传并鼓励国内申请人在海外运用 PPH 程序，加快审查并降低申请成本，是目前 PPH 工作的重中之重。

一、中国申请人在海外运用 PPH 的数据

自开展 PPH 试点工作至 2015 年 12 月 31 日以来，中国申请人向其他各国提交的 PPH 请求量共计 2851 件，具体国别信息如表 16 - 16 所示。

表 16 - 16　中国申请人向其他各国提交 PPH 请求量统计表　　　单位：件

目标国	常规 PPH	PCT - PPH
美国	1943	
日本	71	191
韩国	104	108
俄罗斯	19	10
德国	21	
加拿大	51	
合计	2851	

注：美国数据不区分两种 PPH。

　　而与此同时，国外申请人向中国国家知识产权局提交的 PPH 请求量为 14559 件，约是中国申请人使用 PPH 程序的 5 倍。

　　如果进一步分析向海外提交了 PPH 请求的中国申请人名录，可以看出运用 PPH 程序的中国申请人非常集中，主要是极少部分知识产权管理部门已具相当规模、对 PPH 程序较为了解的大型企业。即对于广大中国申请人而言，PPH 程序还是较为陌生的。

二、影响中国申请人更广泛运用 PPH 的原因及对策建议

　　综合各方面情况分析，影响中国申请人在向外申请中熟练运用 PPH 策略的原因，除对 PPH 程序不熟悉这一原因外，还至少有以下 6 个方面的原因。

　　1. 国内申请文本与国外申请文本的差异过大

　　中国申请人在中国提交在先申请时，出于尽早提交申请及费用节省的原因，有时会选择自行撰写提交或者选择涉外代理经验较少且价格较为便宜的代理机构撰写。随后当中国申请人决定将这一专利申请提交到国外去时，基本会选择有丰富涉外代理经验的代理机构进行改写。但由于在先文本存在着较多问题，有丰富涉外经验的代理机构势必需要在在先申请文本上进行较大的修改，这样造成两个文本存在较大差异，在日后准备进行 PPH 时出现对应性问题，使得 PPH 无法提交。因此为避免这种情况，建议中国申请人在申请提交前进行更细致的规划，对于重要申请、基础申请或者有意向国外提交申请的技术，在在先申请撰写时就充分考虑到文本的一致性问题，对于向外申请意向明确的申请，在撰写时就尽量委托给涉外代理经验丰富的事务所处理，以避免出现国内文本和国外文本权利要求不能充分对应的问题。

　　2. 翻译问题

　　有时翻译质量问题会造成对应性问题。实践中，国内申请人有时为节省翻译费用，而自行进行翻译工作，或者寻找翻译公司完成翻译，而不是将翻译交给有丰富代理经验的代理机构完成。虽然通常翻译公司的价格会低于专业代理机构的翻译报价，但由于专利文件本身既是技术文件，又是法律文件，因此具有很强的专业性，通常翻译公

司对专利文件翻译的精准度把握和专业代理机构是无法相比的。故此，建议申请人选择质量信誉较好的代理机构进行涉外文本的翻译，以避免因为翻译的不准确，在日后准备提交 PPH 时出现权利要求不能充分对应的情况。

3. PCT 国际检索单位（初审单位）书面意见的利用

从本章第二节和第三节的内容可以看出，对于 PCT 申请而言，利用 PCT - PPH 途径在各国加快审查，是非常便利、有效节省时间成本和费用成本的途径。较之《巴黎公约》途径向外申请，中国申请人目前较多地使用 PCT 国际申请的途径完成向其他各国提交专利申请，因此使用 PCT - PPH 途径也成为中国申请人目前提交 PPH 的主要途径。

目前中国申请人提交 PCT 国际申请的国际检索单位和初审单位都是国家知识产权局，其在提高国际检索和初审质量方面一直常抓不懈并取得了很大成果。但也有很多中国申请人反映，自从开通 PPH 后，国家知识产权局作为国际检索单位和初审单位在出具的书面意见中对三性评价过严的现象就成为中国申请人使用 PPH 不利的一个因素。特别是有申请人反映审查员在出具书面意见时，有时会以国内审查的审查标准作出国际检索报告书面意见。而这造成了审查标准从国际阶段的角度讲过于严苛，不利于中国申请人在国家阶段采用 PCT - PPH 模式进行加快。诚然，从目前的统计数据中可以看出，中国申请人利用 PCT - PPH 途径向外申请的数据远远高于常规 PPH，但从具体数据分析可以得出，利用 PCT - PPH 的国内申请人基本集中在中兴、华为这样的超大型申请人中，而众多中国申请人尚未从这一加快途径中收益。

在中国与各国开展 PPH 试点的新形势下，如何在国际检索单位（初审单位）的审查质量与中国申请人尽可能利用 PCT - PPH 方式提交在各国加快审查这两方面寻找平衡，将是今后需要探索的一个方向。特别需要指出的是，一味地放宽国际阶段的审查标准也绝非良策。过宽的审查标准使得国际检索单位（初审单位）的审查结果的参考性大大降低，不仅会误导申请人向外申请时作出正确判断，而且国外专利局在长期实践中认识到某局的国际审查结论准确性很低，补充检索出大量文献的状况，也会降低该局的公信度，影响包括 PPH 流程在内的各项工作的进行。

4. 更好地运用 PPH MOTTAINA 和 Global PPH 试点，为中国申请人向外申请服务

根据本章第一节所述，到目前为止，SIPO 并未加入"PPH MOTTAINA"试点和 Global PPH 项目。然而，根据上述两个试点项目的定义和规则，中国申请人仍可有效利用这两个试点项目加快申请的授权。例如，当同族专利在参与 Global PPH 的 17 国专利局进行审查时，只要最早申请日/优先权日是一致的，即可享受这一项目带来的便利。特别是当国内申请人在日本、美国、欧洲和韩国这 4 个参与 IP5 - PPH 之外的其他专利局进行了同族专利申请时，熟练运用这两个试点项目就显得尤为重要。例如，中国申请人的某申请同时在澳大利亚和西班牙提交了同族专利申请。由于中国与澳大利亚并没有签署双边 PPH 协议，且这两个国家都不是 IP5 - PPH 的参与国，但这两个国家都参加了 PPH MOTTAINA 和 Global PPH 试点项目，因此中国申请人可以利用这两个

项目在两局间使用 PPH 程序加快审查，降低费用成本。如澳大利亚专利先获得肯定结果，可以在西班牙提交 PPH 请求，反之亦可。灵活运用这两个试点项目，可以让中国申请人在中国尚未参与更多 PPH 多边试点项目的情况下，最大限度地享受 PPH 多边试点带来的种种便利。

5. 充分运用 IP5 - PPH 途径

五国合作 PPH 项目是中国目前唯一加入的小多边 PPH 试点项目，也是中国国家知识产权局与 EPO 开展 PPH 合作的唯一渠道。根据该协议，对于被五局之一局认定为具有可授权权利要求的申请，在满足其他条件的情况下，申请人可向其他四局就该申请在其他四局提出的对应待审申请提出加快审查请求。同样，申请人向五局之任意局提出的 PPH 请求，可基于五局作出的 PCT 国际阶段工作结果或国家/地区的工作成果。

在 IP5 - PPH 运行之前，对于多边 PPH 项目的运用，中国申请人仅可利用除中国外的同族专利的审查结果，在参与各多边 PPH 项目的专利局间加快审查。但对中国国家知识产权局作出的中国申请的审查结果，则只能利用中国与部分专利局签订的双边 PPH 协议，在这些国家享受 PPH 加快的便利。通过 IP5 - PPH，中国申请人可以在五局范围内以 PPH 方式，利用中国国家知识产权局的审查结果加快其他各国的审查程序。这对于加快中国申请人向欧洲的专利申请有特别的意义。

6. 深入研究各国 PPH 规则，协助国家知识产权局建立对中国申请人更加有利的 PPH 程序，是对中国申请人，特别是中国代理机构的期望

由于各代理机构站是在内向外专利申请工作的第一线，对于各国 PPH 制度的运用有丰富的第一手经验，因此可以深入了解并及时向相关部门反馈外国局的 PPH 工作信息，以便建立更有利于中国申请人的 PPH 程序。一些国家的 PPH 制度是允许 PCT - PPH 在本国专利局运用的。如 JPO 作出的国家检索单位的书面意见，其中对专利的三性作出了积极评价，则在该申请进入日本国家阶段的时候，可以 JPO 的书面意见要求在日本国家阶段的 PPH 加快。而目前国家知识产权局作为国际检索单位或初审单位作出的书面意见，在该国际申请进入中国国家阶段后，是不能在国家知识产权局要求 PCT - PPH 加快的。由于选择国家知识产权局作为国际检索单位和初审单位的，绝大多数都是中国申请人，因此这一规定使得广大中国申请人不能更好地从 PCT - PPH 途径中获益，提请国家知识产权局在这一程序上为中国申请人提供更多的便利，使其可以充分利用 PCT - PPH 带来的便利。

综合本章内容，PPH 双边与多边合作，共享审查结果，提高各专利局工作效率，已经成为各国专利局加强合作的大势所趋。在这一潮流面前，中国申请人应充分学习和运用 PPH 程序，享受该程序为申请人带来的种种便利，以尽可能地降低专利申请的时间和费用成本。

第十七章

年费管理及费用成本

近年来，随着国家知识产权战略规划的实施和推广，中国企业越来越重视专利工作。特别是在海外市场竞争中，很多国内企业重视海外专利布局和目标市场竞争对手分析，逐年增加向外申请数量，累计海外专利数量逐年增多。虽然与国外跨国企业相比，我国公司的海外专利数量还有很大差距，但海外专利数量的累积带来了如何有效管理授权专利、合理规划专利维护成本的新课题。

第一节　海外专利年费成本管理的显著特点

海外专利与国内专利相比，其年费成本管理有显著的特点。

1. 授权专利维护成本远远高于中国授权专利，即国外专利年费金额较大，并辅之较高的国外代理费用

根据国家知识产权局专利收费标准，中国专利在授权后，根据维护年度不同，每年度需要缴纳人民币 900～8000 元不等的年费，以维持专利权的有效。符合政策规定下的单位和个人自授权当年起连续 3 个年度还可享受大幅减免，减免后单位每年最多缴纳 2400 元的年费。这对于中国专利权人而言是基本可以承受的。而且中国专利权人可自行向国家知识产权局缴纳年费，即便委托代理机构缴纳，代理费用也非常低廉，支出的成本是完全可以接受的。

然而对于海外专利而言，年费金额会远远超过上述金额。以中国申请人较为集中申请的美国专利为例，按照现行标准，美国专利年费共缴纳 3 次，费用分别是 1600 美元、3600 美元和 7400 美元。符合美国法律严格规定的小实体标准的权利人可享受减免一半的权利。而中国权利人为缴纳美国专利年费，还必须委托美国事务所代理，这部分费用也会达到每次每案数百美元，且无减免。如专利权人在美国布局数十个专利的情况下，维护美国专利有效的成本支出较之相应中国申请的年费支出大为增加。

各国法律对于年费的规定各不相同。多数国家逐年缴纳年费，且年费金额逐年递增。部分国家，如日本、韩国，年费金额与授权专利的权利要求数相关，权利要求数

越多则年费越高。而中国权利人因为向海外申请专利的预算有限，通常在法律允许的情况下尽可能地设计和架构层层递进的权利要求，专利的权利要求数相对较多，因此相关国家的年费成本也就相对较高。

2. 中国专利权人向海外申请专利多是同族布局，因此某个发明专利的海外维护费用就会大量增加

中国专利权人单独向某个国家申请某项专利的情况并不常见。根据部分代理机构的不完全统计，中国专利权人、特别是企业专利权人向国外申请专利时，通常 1 个发明最终会以 PCT 或《巴黎公约》的方式进入 4 个或更多国家和地区。技术领域不同，进入的国家数量也会有不同的特点。例如医药类专利，通常会进入 10 个或更多的国家和地区。同族专利申请数量越多，则后期的维护费用成本也就越大。

3. 即便国家资助项目实施的情况下，资助金额也未延伸至整个权利维护阶段，专利权人需要自行承担专利维护成本

2009～2013 年，中央财政曾设置专项资金资助中国申请人向海外申请专利。大致而言，国家对专利申请的支持体系按照国内申请和国外申请两个方向架构。中国申请人在国内申请专利时，国家以满足一定条件下减免部分官费和地方政府审批资助的方式，对申请人予以资助；中国申请人向外申请专利时，按照当时的设想，国家通过颁布《资助向国外申请专利专项资金管理办法》（以下简称《资金管理办法》），中央财政以设立资助向国外申请专利专项资金的方式予以鼓励和资助，即对于内向外专利申请而言，每个发明在申请阶段，最多可获得国家 50 万元人民币的资助，这就大大节省了申请人的申请成本。不少中小企业专利权人表示，在施行了国家资助申报与审批制度的 2009～2013 年，只要技术确实属于高新技术，各种申报资料齐全，获得国家资助的可能性较大，企业实际花费的向外申请费用大大降低，申请阶段花费很少甚至基本可以通过资助收回申请成本，确实起到了鼓励企业更多地发明新技术、更多地向外申请专利保护的作用。然而，当申请在国外获得专利权后，维护权利的费用成本则绝大部分由专利权人自行支付。由于专利权是一种财产权、私权，因此在专利权人获得专利权后仍然从国家资金中予以财政资助，显然是不公平、不合理的，因此一旦国外授权后，专利权人就应自行承担维护其专利权的费用。这种情况下，就有可能出现专利权人的专利年费维护成本高出申请成本的情况。

以一个同族专利的资助案例来说明这一情况。假设案例条件如下：PCT 国际申请进入国家/地区阶段，已有国际检索报告，权利要求 10 个，英文说明书约 25 页，1 次 OA 答复，2 次 IDS，维持费仅缴到第 6 年，欧洲专利仅在英国、德国、法国三国生效，美国适用小实体（500 人以下），加拿大适用标准实体官费标准（50 人以上）。本案例的全部官费以 2014 年 2 月各国官费标准为准。

统计币种统一为人民币（不含增值税）。年费代理费预估为 100 美元/次（保守预估值）。参照汇率为 2014 年 11 月的汇率牌价：CNY/USD = 6.2588；CNY/EUR = 8.6509；CNY/JPY = 0.061290；CNY/AUD = 5.8110；CNY/CAD = 5.6716；CNY/KRW =

0.0060300；CNY/INR = 0.10321；CNY/BRL = 2.7953；CNY/MXN = 0.47652；CNY/ZAR = 0.58781；CNY/RUB = 0.17375。

根据代理机构的代理经验，预估上述同族专利申请在进入四国/地区的申请成本如表 17 - 1 所示。

表 17 - 1　某同族专利海外申请预估表（一）　　　　　单位：元

国家	申请阶段（从新申请提交到办理完授权手续）
美国	75000.00
日本	85000.00
欧洲	129000.00
韩国	55000.00

根据 2009 ~ 2013 年试行的《资金管理办法》，假设该专利权人符合国家资助标准，且所有资料齐备，获得了有关部门审批的内向外申请国家资助，在上述四国中，美国、日本、韩国的费用均在 10 万元人民币以内，可以实际得到全额资助。而欧洲专利由于超出 10 万元人民币的上限，根据《资金管理办法》，实际最高资助 10 万元整。因此在整个申请阶段，专利权人实际支出的申请成本为人民币 29000 元。

而在专利权维护阶段，如果每个国家的专利权都维护 20 年，则专利权人将支出的年费成本总计 451000 元人民币，远远高出实际支付的申请成本。具体国别情况如表 17 - 2 所示。

表 17 - 2　某同族专利海外年费成本预估表（一）　　　　　单位：元

国家	维持阶段（从授权至专利权维持 20 年）
美国	41000.00
日本	97000.00
欧洲	230000.00
韩国	83000.00

同一案例，如果假设该申请人进入 11 个国家/地区，申请费用如表 17 - 3 所示。

表 17 - 3　某同族专利海外申请预估表（二）　　　　　单位：元

国家	申请阶段（从新申请提交到办理完授权手续）
美国	75000.00
日本	85000.00
欧洲	129000.00
韩国	55000.00

国家	申请阶段（从新申请提交到办理完授权手续）
澳大利亚	52000.00
加拿大	58000.00
俄罗斯	60000.00
印度	37000.00
墨西哥	42000.00
巴西	80000.00
南非	12000.00

　　根据 2009～2013 年试行的《资金管理办法》，假设该专利权人符合国家资助标准，且所有资料齐备，获得了有关部门审批的内向外申请国家资助，上述 11 国中，申请人会选择成本最高的五个国家或地区申报资助，即欧洲、日本、俄罗斯、巴西、美国。鉴于美国、日本、俄罗斯、巴西的费用均在 10 万元人民币以里，可以实际得到全额资助。而欧洲专利由于超出 10 万元人民币的上限，根据《资金管理办法》，实际资助 10 万元整。因此在整个申请阶段，专利权人申请费用共花费 685000 元人民币，获得资助 40 万元，实际支出的申请成本为人民币 285000 元。

　　而当申请人进入 11 个国家/地区并全部授权后维护权利直至专利权届满的情况下，专利权人将支出的维护成本共计 765000 元。

　　综合上述信息可以看出，在国内申请人向外专利申请和维护专利权的过程中，年费成本占据其支出成本的比例很高。以上述理论案例的结论来看，在资助项目执行时，申请人在进入不同国家数目的情况下，在各个阶段支出的实际成本如表 17－4 所示。

表 17－4　某同族专利海外申请及年费成本预估表　　　　　　单位：元

进入国家/地区	全额申请费	资助后实际申请成本	年费维护成本
4 个	344000.00	29000.00	451000.00
11 个	685000.00	285000.00	765000.00

　　由表 17－4 可以看出，专利权人海外专利的维护成本，总计金额很高。随着专利权人海外专利布局的加强，海外权利维持的成本也将激增。因此在中国专利权人开始注重海外专利布局的起步阶段，就应着力学习和吸收来自国外专利权人年费成本管理的先进经验，将有限的经费最大限度地用于有价值的专利的维护。

　　4. 资助办法停止执行后，申请人的海外申请费用成本陡增，对海外专利年费成本的压力陡然增大

　　2014 年，国家知识产权局国知发管字〔2012〕67 号《资助向国外申请专利专项资金申报细则（暂行）》停止执行。这标志着自 2009～2013 年中国申请人享受政府资助

项目向海外申请专利的全部同族专利申请的费用将由申请人自行承担。

2009 年之前，由于中国申请人需要自行承担全部向海外申请专利的费用，因此在经费十分有限的情况下，会对发明创造是否向海外申请、向哪些国家和地区申请、采用哪种渠道申请等，作出慎之又慎的抉择。专项资金的设立，确实在很大程度上缓解了中国申请人向海外申请专利时的费用困难，极大地促进了海外专利申请的数量增长。而且由于该资助项目主要资助专利申请过程的官费和代理费成本，因此申请人可以将有限的经费预算向授权后的年费成本倾斜。

在中央财政专项资金停止后，正在进行中的大量向外同族专利申请的全部申请成本，突然间转由中国申请人自行承担。2009 ~ 2013 年申请量的激增使得中国申请人的费用成本压力陡增，不得不将有限的费用预算向尚在未授权的海外申请倾斜，从而造成海外专利年费成本的压力陡然增大。

第二节　我国专利权人年费成本的样本分析

我国不少企业海外专利布局已初具规模，企业内部知识产权管理开始系统化、专业化。随着专利数量的增加，维护专利权的人力、财力成本迅速增加。本节共选取 4 个有代表性的样本，进行举例说明。

一、国有大企业

国有大企业 A，从 20 世纪 90 年代开始致力于国外专利布局工作。由于所在行业的特点，该企业专利布局国家面较广，除确实有竞争对手存在的目标市场外，还进行预防性的战略布局。2014 年 1 月 6 日时点数据显示，自 1992 年开始，A 企业共申请 157 件 PCT 申请，国外专利案件共有 1474 件（包括 PCT 国际申请和《巴黎公约》两种途径），已授权的国外专利案件不少于 800 件。其国外专利申请主要国家分布如图 17 - 1 所示。

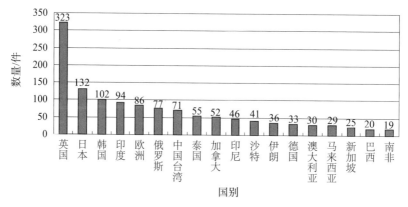

图 17 - 1　A 企业国外专利申请国家分布图

2013 年度，A 企业用于国外申请、维持国外专利的费用总计达 1126 万元。由于 A 企业不属于国家财政资助的中小企业的范畴，因此全部申请成本由企业自行承担。A 企业曾经对于海外专利进行有效、系统的年费跟踪与管理，后由于某些原因不再进行年费筛选管理工作。在此前提下，2013 年度用于专利年费维护的金额达到 236 万元，占到 2013 年内向外专利总支出的 21%。2014 年用于专利年费维护的金额预计将达到 263 万元，增幅达到 11.44%。

二、国有中型企业

国有中型企业 B 作为工程类的单位，其境外专利申请的特点是按照其工程项目所在地进行布局为主，近一两年来开始注意研究战略性布局，增加了一些尚未实施落地项目的国别申请。以 2014 年 1 月 6 日时点数据显示，从 2005 年开始，B 企业共提交 PCT 案件 68 件，国外专利案件共有 223 件（包括 PCT 国际申请和《巴黎公约》两种途径），已授权的国外专利案件不少于 90 件，多半正处于申请过程中，其国外专利申请主要国家分布如图 17－2 所示。

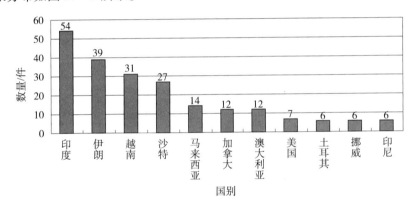

图 17－2　B 企业国外专利申请国家分布图

2013 年度，B 企业用于国外申请、维持国外专利的费用总计达 74 万元。由于 B 企业不属于国家财政资助的中小企业的范畴，因此全部申请成本由企业自行承担。B 企业目前对其海外专利的年费维持未作任何管理，基本上是授权一个专利，维持一个专利权，只要代理机构发出年费提醒，B 企业就指示如期缴纳相关年费。在此情况下，2013 年度其用于专利年费的费用达到 16 万元，占到 2013 年内向外专利总支出的 21.6%。

三、新兴民办高科技企业

新兴民办企业 C 于 20 世纪 90 年代创办。由于技术全球领先，进入国际市场后很快获得较大市场份额。C 企业对知识产权战略非常重视，对于海外市场采取"专利先行"政策，以系统性的知识产权战略布局为其尖端科技产品保驾护航。2014 年 1 月 4

日时点数据显示，自 2007 年开始，C 企业共有 42 件 PCT 申请，国外专利案件共有 153 件（包括 PCT 国际申请和《巴黎公约》两种途径），已授权的国外专利案件约 79 件，其国外专利申请主要国家分布如图 17-3 所示。

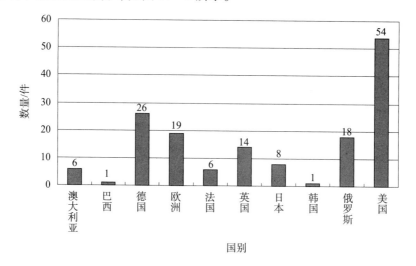

图 17-3　C 企业国外专利申请国家分布图

2013 年度，C 企业用于国外申请、维持国外专利的费用总计达 169 万元。其中申请费用 142 万元，至少 80% 的申请成本可获得国家资助，即企业实际支出的申请成本低于 28 万元。C 企业尚未对海外专利年费进行系统化管理。2013 年度其用于专利年费的费用达到 27 万元，占到 2013 年内向外专利总支出的 16%。如果考虑到企业实际接受到的国家对于申请费用的资助，则 2013 年度的年费成本支出与申请成本支出相当。

四、国家级科研院所

国家级科研院所 D，承接国家科研项目，注重将科研成果转换为专利。专利申请经费主要来自科研课题经费，并申报国家资助。以 2014 年 1 月 6 日时点数据显示，D 单位自 2011 年开始共申请 PCT 案件 111 件，国外专利案件共有 122 件（包括 PCT 国际申请和《巴黎公约》两种途径），其中有 117 件是进入美国，不少于 31 件已经授权。2013 年度，D 单位用于国外申请的费用总计约达 95 万元，由于授权案中均为美国专利申请，暂时不涉及维持专利权的费用。由于美国年费的特殊性，上述授权案第一次年费维持的成本预计为人民币 16.6269 万元。

从上述 4 个典型样本中可以看出，国内专利权人在海外进行专利申请和专利布局，年费维持成本会逐年提高。在未考虑国家对申请费用进行资助的情况下，专利布局初期年费成本占到全部内向外专利申请成本的 15% 左右，之后逐年增加。如果未来国家会再次实施专项资助且仍然将资助重点放在申请流程，获得资助的企业的海外专利成本中年费维持成本更加突出，而且将逐年递增。

第三节　国外企业的管理经验

　　基于年费成本逐年提高的状况，中国专利权人要做好海外专利布局的工作，必须研究如何科学地对授权专利年费进行管理。在年费管理上，国外企业的经验值得学习和借鉴。

一、企业内部的知识产权管理平台建设

　　国外大型企业的知识产权管理部门通常都建有自己独立开发、适合其企业内部统一运作的知识产权管理平台。企业内部跟知识产权相关的各个部门可以共享数据、互派任务、监控时限等。对于年费管理而言，一旦某专利申请被录入授权信息，该专利会自动出现在年费管理数据库中。该数据库不仅可以实现按时段对年费时限进行监视提醒，还可以根据多种需求进行数据统计。例如，大型企业通常包含众多的子公司，该数据库可以根据专利权人对其年费及年度预算、实际支出成本等提供管理方案；又如，数据库可以根据工程或技术项目整理该项目下授权专利的国别、年费支出与预算等情况，使企业管理者对数量众多的国外专利做到心中有数，在数据齐全的基础上进行行之有效的管理。

二、服务外包对年费甚至专利申请流程进行管理

　　越来越多的国外企业采用服务外包的方式，进行年费甚至是专利申请全流程管理。服务外包是指企业为了将有限资源专注于其核心竞争力，以信息技术为依托，利用外部专业服务商的知识劳动力，来完成原来由企业内部完成的工作，从而达到降低成本、提高效率、提升企业对市场环境迅速应变能力并优化企业核心竞争力的一种服务模式。服务外包具体包括：信息技术外包（ITO）、商业流程外包（BPO）、知识流程外包（KPO）、招聘流程外包（RPO）。

　　服务外包的优点在于：企业可以专注于本公司的核心业务，降低运营成本，提高效率；可以得到更加专业、流程更加完善的服务。但缺点也是显而易见的，如在没有充分设计信息安全和保密措施的情况下，外包服务存在一定的风险，因为外包公司有机会掌握企业的机密资料；企业有可能失去对外包过程的控制，对本企业专利状况可能不再有一个全盘透明的把握。因此需要设计一套行之有效的方案，做好外包服务供应商与企业内部管理的职能划分与管理衔接；需要花费一定精力与外包公司很好地沟通，签订一个较合理的服务合同。

　　当前在实践中，很多国外企业已经开始选择外包服务。外包服务包括全流程外包和年金外包两种模式。

　　全流程外包是指专利申请的流程服务全部外包给某个服务机构，即从新申请指示直至年费维持都由外包服务机构完成。企业内部的知识产权部门主要负责项目规划、

专利文件的撰写或对事务所撰写的申请文件的审核、申请策略的制定、向服务机构发送国别指示、就各国审查意见进行研究和答复、按照企业内部管理需求利用数据库对企业的专利布局进行统计和研究等。外包服务机构负责的整个流程工作，包括：按照企业指示，向企业指定的各国事务所发出新申请指示；按照各国法律要求协调各地事务所并准备相关法律文件（如优先权文件），并相互寄送和派发；接收各地事务所关于案件流程状态的最新报告，并维护企业的数据库；为企业知识产权管理人员提供各种时限提醒服务；自行监视、管理和完成诸如美国 IDS、印度同族状态披露制度所需要的文件等；年费的管理，包括数据的维护、时限与预算的提醒等。

目前国外的专利管理外包服务主要由两种机构承接。一种是传统的代理机构。企业首先在和自己合作多年的代理机构中建立供应商，选择一家或几家信誉好、服务优的代理机构作为"母"机构，同时在各国选择一批事务所作为代理供应商。企业知识产权管理部门将流程服务外包给"母"机构，如将某批案子进入各国的总指示发给该代理机构，再由该代理机构根据企业提供的各国代理机构名录，分派给各国当地事务所。各国事务所将流程进展报告给"母"机构，由"母"机构统一协调和管理各国流程事务，仅就答复实质审查这部分实体工作交给企业知识产权部门处理。就年费工作而言，"母"机构统一管理，给企业作出每财年的财政预算，监视时限，接收来自企业的关于年费缴付或年费终止的指示，并负责在期限内监控完成各国年费的缴纳。另一种是伴随流程外包服务需求的增长应运而生的专门流程外包服务机构。目前如 INTEL 等公司，已将专利流程管理完全外包给相应的流程外包机构。这些机构类似于大代理机构的流程部门，专业处理各国专利流程事务工作，工作内容与上述"母"机构的工作内容类似。

就年费服务而言，外国企业中有些将年金管理外包给其流程外包服务机构，有些则外包给专业年金公司。下面就专业年金公司的情况作一介绍。

三、专业年金公司的诞生与发展

由于专利年费的管理、提醒、代缴工作相对于专利申请流程而言自成体系，可以作为专利流程的一个分支单独分化出来，研究各国专利年费缴纳的特点，掌握了专利案件的必要信息，就可以专门提供专利年金代管、代缴服务，专业年金公司逐渐应运而生。年金公司其实是社会分工专业化、精细化的产物。有的年金公司甚至可以为客户提供个性化专利年金服务方案。

目前，国外企业多数直接或间接使用年金公司管理和代缴各国年费。甚至很多知识产权事务所也已经放弃了自己的年金管理部门或岗位，将其代理的专利案件的年费交给与其合作的年金公司代理。选择年金公司的优势不仅能节约管理成本，同时由于统一管理，同一委托方委托给年金公司的案量在达到一定量的情况下，还可以享受服务费用的优惠，从而节省了相关费用。

世界上有多家专业年金公司。本文选取两家具有代表性的年金公司作为样本，简要介绍年金公司的服务模式和相关问题。其中 E 公司的服务模式是大多数历史较悠久、开展年金专业服务较早年金公司的服务模式，而 F 公司则为网络时代兴起的新型年金公司的服务模式。

1. 历史悠久的年金公司 E

年金公司 E 成立年代较早，客户资源丰富，近年来不断开发新产品、新服务，目前服务范围非常广泛。

有关年金服务，E 公司的目前流程是，客户将相关专利数据发给 E 公司，由该公司在内部数据库为该客户建立客户账户和数据系统。E 公司会根据与客户约定的时间段提前向客户发送时限提醒清单，例如，提前一个季度向客户发送下个季度将要到期的年费案件清单；收到客户发来的缴费指示后，及时缴纳年费后开出账单；服务中途收到客户发来的有关终止缴纳年费的指示、新加入年费监视系统的指示或者更改案件信息的指示（如专利授权，由监视维持费改为监视年费）后，E 公司会及时更改系统数据，并提供数据修改报告给客户确认，保证信息的有效性和准确性。

E 公司的服务有以下特点。

其系统由 E 公司工作人员负责数据录入与修改维护，客户无法接触其数据库，不能自行添加新的专利案件或者修改已有案件的授权补充信息。而 E 公司对每个客户有专门的客户专员对口服务，客户提供的相关信息由该专员转达给起内部数据维护人员处理。由于从客户到信息最终录入，传递的岗位较多，因此客户与客户专员及客户专员与 E 公司内部人员之间的人际交流十分必要和频繁，年费监控工作的质量有赖于沟通的准确、及时等人为因素。近年来，基于客户操作便利性的考虑，E 公司将其系统的部分界面向客户开放，即客户在收到来自 E 公司的缴费提醒函后，可以在 E 公司提供给该客户的指示界面上直接对提醒清单上出现的专利进行缴费或放弃的指示，客户无须再采用传真或邮件的方式发送相应指示了。客户还可以在该界面上自行查看某个专利的缴费历史。当然，该缴费历史只限于客户委托 E 公司缴纳年费的相关年度缴费历史。例如，某个专利第 3 年~第 5 年年费客户指示 E 公司缴纳，但第 6 年年费因某种原因转由其他代理机构缴纳，第 7 年年费客户再次指示由 E 公司缴纳。在 E 公司的系统中，客户可以查到第 3 年~第 5 年及第 7 年的全部缴费进程和记录。

选择 E 公司作为年金服务公司的客户，其年费续展服务费用在案量达到一定数量的时候可以享受一个较低的折扣率。案量越大，折扣率越低。因此如果企业能将各国授权专利集中交由 E 公司处理，可以最大限度地节约费用。

E 公司的收费往往不会像事务所收取年费时那样列出所在国的当年官费和律师收费，而只是笼统地将所有费用计算出总额，包含了外国官费、年金公司服务费、所在国当地事务所收费（可能）和汇率折损。

对于某些国家的专利案件，E 公司要求在某个时段发送缴费指示，例如在缴费期限到期前 3 个月至 1.5 个月的区间，若不符这个期限要求，还可能会有额外的费用发生。如果晚于这个期限，E 公司可能会收取不菲的加急费用，这个期限根据国别不同而各不相同，最长的可能会达到 1.5 个月。而且发出指示的时间距离缴费期限越近，加急费用越高，在某些情况下甚至可能会翻几倍。但如果早于这个期限要求缴费，E

公司会认为打破了它的工作节奏，需要走快速通道特别提前处理缴费，则会额外收取特别处理费。这部分金额在几十美元。

E公司对于某些国家的缴纳年费报价非常划算，但在某些国家费用会高出当地代理机构很多。E公司的运作模式是在主流国家，如美国设立分支机构。在这些国家缴纳年费时直接由其分支机构向该国专利局缴纳，因此免去了当地事务所的费用。又因为通常专利权人或合作事务所是将其全部专利打包委托给年金公司，享受一定的优惠。故此在这些主流国家年金服务费收取的很低。但在诸如伊朗等国家，由于政治和开放程度等各方面原因，专利权人直接委托当地事务所缴纳年费的情况并不常见。因此年金公司在为这些国家的专利缴纳年费时，收取的代理费会十分高昂，远远超过当地事务所为专利权人缴纳年费时收取的服务费。

E公司为专利缴纳年费后，一般不会提供缴纳年费的正式收据或者缴费证明，除非客户特别指示后，E公司才会酌情处理。

2. 网络时代的年金公司F

F公司是世界上发展最快的专利商标续展年金支付公司之一，它通过安全的在线门户提供低成本的年金支付服务。

F公司的工作模式与E公司相比更加迅捷，最大限度地减少中间环节，从而降低人力和时间成本，达到最大限度地降低费用的可能。具体模式是：客户用自己的账户登录到F公司在线系统，从系统里客户可以看到每个专利案件需缴纳的年费金额并可以发送缴费指令，F公司收到指令后对其进行核查。检查无误后指示与之合作的当地事务所为相应的专利案件向专利局支付年费，随后将账单发送给客户。时限提醒等工作都在线完成。专利权人登录F公司网站的个人专属账户后，即可对其年费管理情况进行查询和监视。

由于在线系统极大地节省了F公司的人力成本，因此其价格存在相当大的优势。同时，进入网络时代后，各专利权人的IP管理人员对网络模式工作更为熟悉亲切，因此采用在线门户式的操作模式不仅不让专利权人感觉增加负担，反而会让专利权人感觉友善，普遍反映在线系统易于使用、迅捷透明。F公司的服务模式相比传统年金公司还有其他一些优势：如可以自主选择币种来固定价格；没有最低案量限制；可与现成的系统和流程结合起来灵活的应用，非常适用于同时要管理内部时限监控系统又要与年金服务机构联络的专利权人等。同时，客户可以根据自身需求，随时在F公司的系统中下载在各国缴纳年费的正式收据或者缴费证明。自助式的服务模式大大便利了客户的按需索求。但这种服务模式，对于专利权人内部管理要求较高，需要配备专岗人员负责该项工作。

第四节　对中国专利权人及代理机构就年费成本管理的建议

鉴于年费成本会逐渐成为国内专利权人内向外专利申请成本的重要组成部分，根据国外企业年费管理的相关经验，建议国内专利权人在建立海外专利布局的开始即重视年费管理和成本策略研究。本节虚拟案例的案件数与报价，是根据实际案量和报价同比例进行了虚化处理的模拟数字。

一、中国专利权人内部数据库和内部筛选机制的建立

如本章第一节、第二节所述，随着中国专利权人在海外专利布局的逐渐加强，海外授权专利数量逐渐增加，年费成本随之激增。在布局伊始，由于海外专利数量有限，为更好地参与国际竞争，中国专利权人应以保持数量为主。但很多单位的知识产权经费有限，随着年费支出的激增，就需平衡新申请经费与年费维持经费之间的关系，以免顾此失彼，发生因年费成本过高而妨碍了新技术在更多国家获得专利保护的情况。

具体来说，建议中国专利权人，特别是在国外开始专利布局的专利权人，尽早建立健全内部数据库，尽量配备专岗或负责人员，建立健全内部专利有效性审核制度，按年度主动筛选需维持的专利。

国内代理机构普遍反映，目前国内专利权人系统化、数据化掌握自己的全部专利申请状况的单位并不多。多数专利权人会选择几个事务所代理自己的专利申请，并有赖于事务所对自己的专利申请进行流程和状态管理。在专利权人内部，一般只采用简单的电脑程序进行数据记录，而对自己专利申请的数量、国别情况、在每个国家的专利布局情况等，往往每临需要时向代理机构索要数据，经常发生看到实际数据后专利权人自己始料未及的情形。这种情况在专利申请阶段不会出现较大问题，因为流程与时限管理是专业性很强的问题，也是代理机构提供服务的基本方面，申请人只要在代理机构提供的时限之内将相关委托文件签章、与技术相关的内容给出指示即可，主要的管理是由各代理机构完成的。但在授权后，年费的维持直接关系到专利权人的财产权是否保留、在哪些国家/地区保留、在经费许可的范围内如何合理分配等必须由专利权人统一协调并处置的问题，是不可能以代理机构为主导来完成的。再者，由于国内专利权人往往会选择几家代理机构来完成自己的申请，因此任何一家代理机构都不能完整地向专利权人提供其全部专利权信息，需要专利权人内部有专门人员对其全球布局的专利权有统一的规划和调配。综合这些原因，建议专利权人建立自己的专利布局数据库，主动管理已授权专利。

通过对国内一些专利权人的调研，目前确有一些海外专利布局较早的国内企业，主动管理自己的已授权专利，并在若干年前开始主动测评专利有效性，主动放弃已无意义的专利，以节约资源，将有限的资金投入在必要的技术项目上。具体做法是：企业建立海外授权专利数据库，每年年底先向代理机构索要下一年度每个专利年费维持所需的预算报价，企业内部自行对下一年度需维持的专利从技术项目角度加以评估，在评估后就下一年度需要维持的专利向代理机构发出缴费指示，对经过评估确定放弃的专利技术向代理机构发出放弃指示。据这些企业称，施行该评估项目后，每年可放弃5%～10%的淘汰专利，从而达到节约成本的目的。随着专利维持年度的增长，预期当专利权维持十二三年后，放弃力度会进一步加大。

然而，近年来，该评估制度在部分企业又处于暂停状态。原因在于，施行评估政策的这部分企业，通常是中国建立企业内部知识产权制度较早、海外布局较早、当海外专利积累到达一定数量后有节约成本需求的大型国有企业。在国家实施知识产权战略后，大型企业需要参评各种指标，其中专利数量是重要的考评标准。因此企业不得不"珍惜"每一个授权专利，即便专利所覆盖的技术已经没有维持的价值，也出资维持其有效性，以满足专利数量排名的需求。因此，如何在现行政策的框架下，平衡、协调各种促进专利保护的政策的关系，是今后政策制定、调整和统一的一项课题。

二、专业年费续展管理服务

随着国内专利权人海外专利数量的增加，统一管理年费的需求也在持续增长中。鉴于专利权人通常会选择几家代理机构代理其专利申请，因此授权后缴纳年费事项也要分别委托几家代理机构完成。如果专利权人内部有专岗人员负责年费维护事宜，这种分散代理机构管理的模式影响不大。但目前多数国内专利权人内部管理知识产权的人员非常紧张，常常一人有数项工作内容，甚至知识产权工作与其他工作兼顾，分散代理机构管理年费的模式就不利于国内专利权人对年费工作的整体把握，更有工作内容重复、效率低下等弊端。在实践中，开始有国内专利权人将授权后的年费管理从其委托的诸多代理机构向其中一家集中的情况。通常专利权人会在合作的代理机构中综合服务、态度、价格等多方面因素，选择其中一家代理机构作为其年费服务机构，在授权后将所有国外专利转给该家代理机构。这样不仅解决了案子分散带来的管理上缺乏整体性的问题，同时由于案件集中，可以和代理机构寻求更合理的代理价格，降低维持成本。更重要的是，由于代理机构手中集中处理某专利权人的年费案件，且案量总量比原来分散管理时大，不仅自身管理成本由于批处理得以降低，还可以在和国外代理机构或年金公司谈判的过程中得到更多的折扣，从而为国内专利权人降低年费成本。

三、优化组合降低年费维持成本

申请人应合理利用年金公司与国内、国外代理机构的资源，尽量最优化地降低年费维持成本。

在本章第三节中重点介绍了国外年金公司的运作模式和服务特色。目前，国内很多代理机构与年金公司在进行双向业务合作。在外向内申请方面，年金公司会选择部分代理机构作为本地事务所为其非中国客户缴纳中国专利年费。在内向外申请方面，国内代理机构通常将其负责维持的专利统一委托给年金公司。双向业务合作使得国内代理机构和年金公司在价格谈判中各有砝码，互惠互利。对于内向外申请，由于国内代理机构将其代理的专利统一打包后委托的案量较大，可以力所能及地享受到最低折扣，从而为国内专利权人尽量降低维持成本。而且对于国内代理机构而言，这样统一打包委托工作更加便捷，效率也高。

但在实际操作中，与国外年金公司的合作也出现了一些陷阱和问题，需要国内代理机构和专利权人予以注意。

国内代理机构在将全部年费案件委托年金公司时，需要提供专利权人信息。年金公司因此可以发现，某专利权人同时由多家中国代理机构代理内向外申请。由于年金公司近些年来把中国市场作为新的市场开拓重点，并为此配备了中国文化背景的市场营销人员，对其业务推广进行考核，并负责积极开拓中国市场。因此在得到某专利权人在各个国内事务所的专利清单后，某些年金公司就自行整理出中国专利权人海外专利清单，中国文化背景的市场营销人员主动和专利权人联系，希望绕开国内代理机构，由专利权人直接将全部案件委托给年金公司代理。这样案件的来向就从中国事务所与年金公司的互惠合作谈判转化为中国国内专利权人的自行委托。中国文化背景的市场营销人员既完成了推销份额任务，而年金公司的案量并未发生降低。同时，由于以专利权人为单位打包的案量往往少于以代理机构为单位打包的案量，因此中国专利权人实际享受不到将案件委托给国内代理机构后得到的年金公司给予的高幅度优惠，实际支出的年费成本反而会有所增高，而各国内事务所由于部分案量流失，剩余的案量也达不到高幅度优惠的数量，享受的折扣幅度大幅缩水，其他专利权人也因此不得不支付更为高昂的国外代理费用，从而使得年金公司处理同一批案件却获得了更高的收益。

目前，存在有一定案量积累的中国专利权人已经出现将案量直接委托给国外年金公司的情况。当然是否放弃国内代理机构，直接将维护专利年费的案件委托给年金公司，是中国专利权人的权利。但其中有很多隐性陷阱，通常正是伴随某些年金公司的游说"优势"一并精心设计的，需要提醒中国专利权人注意。

（1）直接选择国外年金公司是否省去了国内专利权人的工作量？由于前文所述，目前国内专利权人内部知识产权管理工作还有很大的提升空间，人手通常紧缺，年费管理工作在众多更为紧迫的工作面前，只能排在次要位置，而国内专利权人因为在申请阶段将案件分配给不同的代理机构代理，在年费阶段就感觉各代理机构频繁叨扰，简单重复性工作较多，在人员紧张的情况下，国内专利权人就会感觉更为不便。而在直接委托国外年金公司处理年费事宜时，最初专利权人会认为相对而言工作简便了不少：只要专利授权了，专利权人一次性将相关信息提供给年金公司，后续工作就不用管了。年金公司会定期向专利权人发出年费提醒，专利权人只需回复需要缴纳年费的申请号，年金公司就会按期缴纳年费，随后开出账单。这样大大节省了国内专利权人的工作量。

这个方案听起来确实减少了很多工作量。但同时，由于所有专利案件实际处在"粗放管理"的状态下，风险成本则大大增加。具体说来，国内专利权人首先要记得主动将授权案件信息提供给年金公司并保证其数据录入的准确性；其次每年在缴纳年费前要与年金公司核对其系统内数据的准确性，避免年金公司内部更改数据信息时发生错改（例如要修改 A 案信息，却错误地修改了 B 案的信息）等造成了缴费失误。这部分工作原来是由国内代理机构专岗人员来完成的，现在由于放弃和国内代理机构的合作，那么如果专利权人内部管理人员不承担相应工作，则漏缴、错缴年费的可能性很大，但如果专利权人自行承担这部分工作量的话，实际工作量只会不降反增。而对于新型网络式的年金公司，则需要专利权人自行配备网络操作人员，这实际上也增加了工作量。另外，由于年金公司的年费提醒是定期发送，如果没有回复则意味无须缴费，因此国内专利权人需要确保每一份提醒都有效送达到了内部管理岗位，并得到了实际处理。而事实上，由于国内专利权人的 IP 管理人员往往身兼数职，常有来不及及时处理邮件、传真或者根本就找不到相关文件的情况，因此这里也存在一定的风险，而当由国内代理机构处理年费工作时，通常国内代理机构了解国内专利权人内部工作繁忙的情况，会每案具体落实，通过电话等方式跟踪最后指示，以避免各种错误发生。当然，即便发生了错缴和漏缴的情况，在某些情况下也是可以弥补的，但这可能会花费更多的时间、人力甚至资金成本。并且，如果在国内专利权人未加及时发现的情况下，在海外专利权已终止并在滞纳期结束才发现相应错误，则会造成不可弥补的损失。

（2）直接选择国外年金公司是否实际节省了国内专利权人的成本？从表面看，直接选择国外年金公司等于消除了年费缴纳流程的中间商——中国代理机构，至少因此省去了国内代理机构的收费，当然是节省了国内专利权人的成本。但事实上情况往往较为复杂。

可以直接从中国代理机构节省多少费用？目前国内代理机构内向外年费代理的收费标准，从人民币 50 元/次到人民币 200 元/次不等，如果专利数量较多，也可能享受一定幅度的优惠，因此专利权人可以根据自身案量测算出每一年度从国内代理机构方面节省下来的成本金额。

抛开中国代理机构，是否能享受原有的外国代理费折扣？年费直接由中国专利权人委托给年金公司，似乎只是取消了中间商，应该是降低了国内专利权人的年费成本。但是，由于国内代理机构和年金公司在进行年金谈判时，是本着互惠互利的原则，并由于是将其代理的内向外专利统一打包给年金公司的，因此在年金公司的收费上，可以为国内专利权人统一争取最大的优惠折扣，而当国内专利权人自己与年金公司谈判时，却往往得不到这样的优惠幅度，最终表现出，省去了中间商，总体费用未降反升，且各种风险增加的局面。

具体说来，前文已经提到，年金公司的费用金额往往包括四个部分：国外官费、年金公司收费、当地事务所收费以及各种杂费。年金公司往往在国外主要的国家和地区设有一些分支机构。在这些国家、地区缴纳年费，就无须委托当地事务所办理，因此费用就由"官费、年金公司收费、杂费"组成。而当需要在年金公司没有设置分支机构的国家、地区缴纳年费时，年金公司则需要委托当地事务所进行缴纳工作，当地事务所也会因此开出账单，因此这样的案子就会多出一项当地事务所收费。这几部分几乎都会由于国内代理机构的撤离而发生问题。

① 首先关注年金公司的收费问题。在国内代理机构和年金公司谈判的过程中，由于大家都是业内人士，对行规和费用分布了如指掌，因此在谈判时更有针对性。多数年金公司的报价是根据委托案量的多少来设计价格的，例如委托 300 案量以下、300～600 案量、600～800 案量、800～1000 案量以及 1000 案量以上时，年金公司的服务费报价各不相同，案量越多，优惠幅度越大。而国外官费则不受影响。当地事务所收费，要

根据其和年金公司的合作协议，可能不受影响，但更可能随着案量的增加而享受了更高的折扣。因此在当地事务所享受到的折扣费用无论年金公司是否与专利权人、中国代理机构分享，至少这部分费用不会随着委托案量的增加而增加。

虽然在价格谈判中，国内代理机构会根据案量积极争取优惠幅度，但在实际开出工作账单时，年金公司通常因系统设置的缘故，将上述各种费用开在一起，而不进行细分。这样国内专利权人在接收来自国内代理机构关于某案外国年费的账单时，就只能看到一个统一的收费，而看不到具体的划分。国内专利权人在与年金公司的接触时得知，如果直接将全部案量由各国内代理机构抽出直接转给年金公司代理的话，由于案量达到了一定数量，将得到更为优惠的幅度。例如，如果该专利权人在海外的专利案量集中起来达到 301 件的档位，则可以享受到"80 美元/案/次"这个优惠价格。该优惠价格比初始价格（0～300 案量）的"300 美元/案/次"优惠幅度巨大，因此国内专利权人会比较满意。而因为专利权人从国内代理机构那里收到的账单实际上是包括国外官费、当地事务所收费和各种杂费的，直观数据显得费用很高，很惊人，相比眼前这个"除官费外只收 80 美元/案/次的代理费"的报价，会觉得直接委托年金公司更为划算。由于国内代理机构遵守合同约定，不会将和年金公司的协议价格告知第三方，而国内专利权人因为要抛开国内代理机构直接委托年金公司，也不便详细询问国内代理机构与年金公司如何谈判价格，所以国内专利权人无法判断 80 美元的价格是否实际上比当前的收费要低，很可能就此达成协议。殊不知在国内代理机构，由于将国内客户的案量集中打包给年金公司，案量已达到 1000 件以上，实际享受的是"30 美元/案/次"的收费标准。等到收到实际账单，国内专利权人目前配备的人员也很难做到有专人将前一年该案的收费拿出来跟本年度的相比较，因此也难以发现个案即相差 50 美元的差距。即便发现了，因为账单没有明细，也可以其他名目予以解释。而国内其他专利权人，倒可能因为该专利权人从国内代理机构撤案，造成国内代理机构累计案量达不到 1000 件，而将该项目成本从"30 美元/案/次"拉升起来。

② 其次关注官费中隐藏的问题。国内专利权人还需注意在笼统的收费账单中，可能隐藏的官费问题。在国内专利权人通过国内代理机构委托缴纳海外专利年费时，因为国内代理机构长期从事海外业务，对于各国官方收费项目颇为熟悉。信誉良好、服务周到、管理严格的国内代理机构，还会专岗跟踪包括年费官费在内的各国官费变化，随时为国内专利权人监控费用账单是否有虚开、错开的情形。

在代理年费缴纳的过程中，虽然绝大多数年金公司和部分事务所不会提供分项目的账单明细，但因为国内代理机构对各国官费金额有专岗监控，所以遇到费用过高、有疑问的收费账单，会进行专门核查，必要时会和年金公司或外方事务所联系，要求对方就账单细节予以澄清。有代理机构反映，在某些合作过程中，出现过代理费优惠幅度很大，但在官费部分虚增很多，远高于实际官费按照正常汇率折算后的金额的情况。这种情形对于代理机构而言，专岗人员具有专门经验、仔细认真核查即可发现，但国内专利权人由于相关经验不足或者没有时间仔细核查，很容易忽略该部分，认为合同约定了代理费收费便宜，官费由哪里缴费都是一样的，所以整体价格应该是最便宜的。在这种情形下实际被收取虚高的官费，反而会招致更大的年费成本。

官费虚高的原因有三种情况。第一种情况是纯粹虚开，利用专利权人对各国官费价格不熟悉的情形，在一些专利权人不容易查找到官费标准的国家，开出虚假高抬的官费收费。这种情形并不多见，但也并非不存在。第二种情况是错算官费。前文已经提到，部分国家的年费官费金额，是和授权专利的权利要求数相关联，如日本、韩国等。在国内代理机构于年金公司合作的过程中，每遇到这些国家的年费账单，专岗人员都会仔细计算核查，确保年金公司开出了正确的官费金额。通过对一些代理机构的调查，确也发生过错误计算官费的情形，而且存在一定的比例。第三种情况是以所谓汇率折损及外汇储备的成本折损费的名义，收取虚高的官费（及当地代理费）。通常在谈判过程中这部分费用是不会被提及的。但当国内代理机构发现收到的年费账单和代理机构核查计算的账单金额严重不符而进行交涉时，往往会被解释为是汇率换算造成的折损成本以及年金公司因外汇储备造成的折损成本。但事实上，除个别年金公司外，世界各国的知识产权事务所和律师事务所在和国内代理机构合作的过程中，都没有加收这部分折损金额，可见并非国际惯例。同时，也发生过国内代理机构得到上述答复后，通过根据当时的汇率折算在多国货币间计算，得出的汇率折损与年金公司声称的也严重不符，几经交涉年金公司最终同意修改账单。由此可见，如果国内专利权人准备直接请年金公司代理国外年费缴纳事宜，需特别关注实际收费中是否有虚高收费的情况发生。

③ 最后需要关注是否所有国家的年费维持都是选择年金公司缴费最为经济？国内代理机构在长期的工作实践中，逐渐发现并非所有的国别专利都是委托给年金公司最为经济。事实上，对于主流国家而言，如美国、英国、日本等国，通常选择年金公司代缴费用颇为合适，因为年金公司往往在这些国家设立分支机构，可以直接向该国专利局缴纳年费，因此没有当地事务所的费用，又因为批量委托将年金公司的收费降低至最大幅度的优惠，从而最大限度地降低了专利维持成本。

然而在一些特殊国家，特别是因为政治等因素，对于西方国家来讲很难"进入"的国家，年金公司的收费就会出奇的高，高出当地事务所年金服务费的数倍甚至十几倍，例如伊朗。如果国内代理机构委托伊朗事务所在当地办理申请，授权后仍然由该伊朗事务所缴纳年费，则相关收费标准大致为每年每案 100 欧元，而委托年金公司来办理，则为上千美元。这主要是因为对于西方专利权人来讲，除年金公司外去伊朗缴纳年费的渠道很有限，因此年金公司收取高额费用无可厚非。但中国专利权人和伊朗所的合作还是很友好的，因此如果国内代理机构对于伊朗专利的年费，放弃和伊朗事务所的合作，而转和年金公司合作，则国内专利权人在伊朗的年费维持成本会提高数倍。因此，对于优秀的国内代理机构而言，会根据年金公司的各国报价，结合自己长期积累的工作经验，精细判断哪些国家的年费应该与年金公司合作，哪些国家的年费应该与当地事务所直接合作，并精确计算出和年金公司适合合作的案量。因为合作案量意味不同的折扣价格，因此代理机构需要对各国案量作出精准的计算，从尽可能为专利权人降低成本的角度，选择委托年金公司缴纳年费的案量和国别。

而对于国内专利权人来讲，由于对各国事务所的收费标准不甚了解，因此在这方面很难如成熟代理机构般作出判断和调整。

综合上述种种信息，对于中国专利权人而言，在现阶段并非直接将自己所有专利案打包交给国外年金公司就是最经济划算且便利安全的年费维持方式。专利权人需要结合自身管理情况，选择适合自己的管理模式，必要时以少量的代理费用，委托国内代理机构做好专利权人的"管家婆"，能够起到事半功倍的效果。

四、考虑发展中国自己的年金公司的可能性，服务于国内专利权人

从上面的介绍可以看出，由年金公司集中提供年费服务，是全球年费服务的大趋势，它以经济、便捷、高效、准确的服务特点，赢得了全球广大专利权人和知识产权代理机构的青睐。但在中国专利权人和中国代理机构与其合作的过程中，由于年金公司的费用设置主要是针对西方用户，因此国内专利权人感觉费用依然较为昂贵。在我国知识产权战略实施一段时间之后，中国的国内申请量逐年激增，在此基础上内向外申请也必然会经过一段量的累计达到质的飞跃。目前，在国内申请人向外申请热情高涨、数量激增、国家资助政策正向推动的情况下，专利维护成本问题逐渐显露出来。如果中国有关部门和业界人士能够意识到这一商机，建立或增加具有中国特色、服务于中国专利权人的年金公司，不仅会大大降低中国专利权人海外专利年费维护的成本，也会通过成本节省后，中国专利权人通过对其知识产权总成本的再规划，反过来促进专利申请的发展。在国内的服务机构中，目前已经有北京国专知识产权有限责任公司等先期开拓这一服务领域，期待国内的年费服务机构能够迅速成长，为国内专利权人的海外专利维护成本节省做出有益的工作。

第十八章

中国申请人海外专利申请节省费用的策略

虽然在不同国家申请专利花费不同，但在外国申请专利也具有一些共性。为了尽可能降低申请成本、减少费用，就这些共性问题作一梳理并提出建议。

第一节　专利申请策略方面的费用节省建议

一、专利类型的选择

在我国，申请人可以选择申请发明专利或实用新型专利，类似地，有些国家也有多种专利形式。例如，日本、韩国、俄罗斯等国也均设有实用新型专利制度、澳大利亚设有革新专利制度。申请人可以根据自身情况考虑申请专利的类型，以降低申请成本。但是需要注意的是，并不是在每个国家均有不同类型的专利形式可供选择，例如美国就只能申请一种形式的专利。更重要的是，各国在实体和程序上的相关规定也不尽相同，例如可专利的主题、专利权保护期限、是否需要实质审查等。申请人需要在充分了解各国的法律规定或咨询国内外事务所后，再根据自身需求决定专利申请的类型。

二、专利文本的组织

很多国家会根据权利要求的数量、权利要求的引用方式、说明书的长度等收取附加费。虽然各国的具体规定不尽相同，但一般来说权利要求数越多，说明书越长费用就会越高——除额外的官费之外，也会带来翻译费甚至外方代理费的增加。因此，建议申请人合理设置权利要求数量和说明书的长度。

此外，就多项权利要求引多项权利要求的撰写方式，各国的实践相差较大。例如：德国不仅允许这种撰写方式，而且不会收取额外费用；美国虽然允许但会收取附加费；而俄罗斯与中国类似，禁止多项权利要求引多项权利要求的撰写方式。申请人在准备文本的时候应注意目标国家的规定，在申请文本准备阶段处理好这一问题，避免不必要的审查意见通知书，节省申请程序中改写、提醒和答复审查意见的费用。

在形式方面，不同国家的专利局或知识产权局可能会有一些特殊形式要求。比如，EPO 要求权利要求或者附图中的每一个技术特征或是元件要带有附图标记，附图标记放在括号中。在提交申请前，应注意提交符合形式要求的申请文件，必要时需向国内或国外的事务所咨询，以避免不必要的修改费用。

三、对于没有授权前景的案件尽早放弃

由于各专利局或知识产权局的审查速度不同，申请人在多个不同国家就同一件专利提交件专利申请时，如果该申请的同族申请在其他国家已经有了审查意见或决定，申请人可以根据其他国家的审查意见或决定对专利申请进行评估。当申请人认为专利申请的授权前景很小时，可以放弃该申请，以避免后续费用。

第二节　事务所的选择方面的费用节省建议

一、国外事务所的选择

一方面，不论是经由何种途径进行外国专利申请，申请人都可以选择委托国内的事务所或直接委托目的国当地的事务所。选择对的事务所也可能大大降低申请专利的总费用。一般来说，大型综合性事务所的代理费明显高于中小事务所。而中国申请人委托的国外事务所仅需非常了解目标国家的专利法即可。因此，建议选取一些精通专利申请业务的中小事务所完成代理工作。

另一方面，申请的途径不同也会影响事务所的选择。如通过《巴黎公约》途径申请，由于目标国当地事务所对本国专利申请的流程、需要提交的文件及其他要求都比较熟悉，因此，如果申请人与国外代理人交流没有困难，可以考虑直接委托当地律师事务所进行直接申请。这也省去了国内事务所再转手委托当地事务所的烦琐途径。如果通过 PCT 途径申请，委托一个国内事务所对该 PCT 的系列进入进行集中管理是一个比较优选的方案。如前面提到的，由于其他国家的审查过程可以对本国的答复审查意见有借鉴作用，如果委托一个国内事务所进行统一管理，该所再进一步委托进入各国的当地律师事务所负责其所在国家的进入案，可以在答复各国审查意见的过程中交叉参考，同时给出相对一致的答复方案，避免出现不必要的矛盾导致申请人的权利损失。

二、国内事务所的选择

国内事务所与外国事务所的收费相比要低廉很多，建议申请人尽可能地将申请工作交由国内事务所完成。

与国外事务所相似，虽然国内的大型事务所也普遍高于中小型所，但是由于我国专利法在很长一段时间内没有开放涉外代理业务，大型事务所在处理国外专利申请上的经验更为丰富。大型事务所的专利代理人对专利法律规定理解更为深入，在专业分工上也更为细致，可以更好地理解专利技术方案，使申请人与国外事务所之间的沟通更有效率。高素质的国内事务所在新申请阶段能够帮助申请人尽量减少因申请文件缺陷产生的额外程序和费用，也可以在答复审查意见阶段为申请人提供更多的意见和建议，避免完全依赖收费昂贵国外事务所，从而节省费用。最后，由于国内大型事务所代理国内申请人在国外的申请案量较大，在代理费方面与当地经常合作的事务所之间往往会有一些优惠协议。

因此，如果申请人希望获得稳定的专利权，特别是未来有行使权利的可能，那么建议申请人尽可能委托处理内外案件经验丰富的大型国内事务所进行代理。

第三节　申请工作的组织方面的费用节省建议

一、合理安排申请翻译工作

在向外申请专利的过程中，翻译工作不可避免，准确的翻译文本对专利的质量及成本都起着至关重要的作用。如果专利申请的撰写语言并非目标国家专利局接受的语言，翻译费将会是新申请中的重要部分，尤其是向非英文国家申请时，翻译费会更加昂贵。

一般来说，在新申请的准备阶段，考虑到技术用语、交流沟通等因素，建议申请人尽可能聘请国内事务所完成申请文件的撰写工作。由于国外事务所可能会在申请文件的翻译项目上收取远高于国内事务所的费用，如果条件许可的话，建议申请文本的翻译最好在国内完成，由目标国代理人进行核查。需要注意的是，如果用中国事务所翻译，要确保所提交申请文件的翻译质量，避免在后续审查过程中产生不必要的缺陷，进而由国外事务所进行消除所带来的额外费用。

如果在国内难以找到适当的小语种翻译，翻译只能委托目标国当地事务所完成。基于提供文本的不同，当地事务所收取的翻译费也不同。在这种情况下，由于英文相对于中文在国际上更为通行，申请文件的英文文本最好在国内完成，然后由目标国事务所基于英文文本进行翻译。

需要注意的是，在向一些英文国家申请时，常常有中国申请人为了节省费用而自行翻译申请文本，将未经过专业事务所审核的文本直接向国外提交。专利申请文本既作为一份技术文件，同时又是一份法律文件，本身有严谨的专业性要求，非专业机构的翻译往往会为申请的审查和授权留下隐患。由于翻译的不准确和不严谨造成的后续对文本补正和审查意见次数的增加，不仅增加了被驳回的风险，而且也会大量增加申请成本。因此选择专业的事务所进行文本翻译还是非常必要的。

二、科学组织答复审查意见

当申请人在多个国家申请时，其他国家的审查历史不仅可以用于评估专利的授权前景，而且在实质审查阶段，尤其是与审查员进行沟通时，也可以借鉴其他国家的审查历史，并且能在一定程度上预先判断出审查员将会发出什么样的审查决定。此外，将其他国家的审查意见及答复提供给国外事务所进行参考也可以降低代理费用。

在工作安排上，由于国外事务所熟悉该国法律，可请国外事务所提答复建议，由国内事务所准备目标国语言的答复文本，或者至少是答复文本的英文版本。如果再进一步地细分，技术方面的建议由国内事务所完成，法律实践方面的由国外事务所完成，这样可以降低国外事务所的收费，从而降低申请的整体费用。

三、善于利用各类程序

各国专利申请程序虽各有不同，但具体来说可以从如下 5 个方面考虑利用程序来节省费用。

（1）尽量提交电子申请。电子申请不但操作更为便捷，而且在很多国家，如美国、英国等，可以享有官费的减免。

（2）考虑利用费用减免制度。一些国家提供了费用减免的措施，其中有些也适用于中国申请人。建议申请人了解并通过利用目标国提供的费用减免措施来降低申请的官费和年费。值得注意的是作为外国申请人的中国人要想享受这些减免措施，可能需要准备相关证明文件及其翻译、公证、认证。这些文件的准备和翻译本身也可能需要大量的金钱和时间，与获得的减免数额相比，申请人应事先做好权衡。

（3）善用各种加快审查程序。有些国家的专利局为符合一定标准的专利申请提供加快审查的程序，例如前述章节中介绍的欧洲专利申请中的 PACE 程序，美国专利申请中的优先审查 Track One 程序等。建议中国申请人充分了解并利用此类加快程序，既可节省申请过程中因审查周期长带来的费用支出，又可尽快获得授权，提高专利产品投放市场的商业利益。

（4）充分利用延期程序。在答复审查意见期间，如果目标国收取的延期费官费并不高，如日本，而外方代理人又会收取高额的加急费用，那么可以考虑指示外方代理人提交延期请求，以便有充足的时间准备答复避免加急费。

（5）避免复审和诉讼，活用分案申请等其他程序。在大多数国家，如果专利申请没有得到授权，后续的复审和诉讼产生的官费和代理费往往远大于普通专利申请实审的费用。而如果中国申请人在国外提交申请的目的仅是为了获得授权，那么，在收到驳回通知书后，一般没有必要进行复审和诉讼，完全可以通过提交分案申请的方式达到相同的目的。

四、指示信应明确、详细

在给国外事务所的新申请指示信尽可能详细、明确，并事先提供全部相关证明文件（例如优先权证明文件、委托书），由此来避免申请提交过程中的补正。

五、做好时限管理

虽然一般来说事务所会对时限进行管理并提醒申请人下一步的工作，但是申请人自身的时限管理工作也很重要。一方面，可以确保按时缴纳，避免产生滞纳金，或者不得不延长期限而产生的延期费；另一方面，如果临近时限，国外事务所可能会就时限监视和时限提醒收取一定的律师费并且通常会对加急的指示收取高额加急费。例如，如果要求日本代理人加急处理某件事宜，一般会被收取高达50%的加急费用。各个事务所对"加急"的解释各有不同，加急费的收取标准也不同，申请人应在委托事务所时了解这方面的信息。总之，建议申请人在可能的情况下尽早给予国外事务所指示，避免加急指示产生的加急费用。

图索引

表索引

后　记

随着我国经济科技水平的提高，中国申请人在海外申请专利的重要性和必要性也在不断提高。本书从专利申请费用的角度，为广大中国申请人在海外进行专利申请和专利布局提供了较为全面的信息和颇具实用性的申请策略建议，希望能够提高我国申请人海外申请专利的积极性，有助于我国申请人在对外申请时节省费用、提高效率，促使我国申请人增加向外申请专利的数量、优化全球专利布局、提高全球竞争力、推动创新型国家的建设。

专利制度总是处于不断变化发展中，本书以中国专利代理（香港）有限公司32年来内向外申请的全部从业经验作为基础，进行了大量的数据整理和测算，对能获取的最新资料进行分析和研究。本书的编写人员都是长期从事专利申请、流程管理和法律服务的一线骨干人员，在日常工作之余花费了大量的业余时间完成了整书的编写。在写作的过程中，还实时关注各国法律的动态和时事政策的调整，及时反馈在本书的相应章节中，力求将最新的内向外申请流程与费用资料呈现给中国申请人。希冀这本倾注了编写者心血和思考的小书，能够为中国申请人向外申请专利时提供参考，为国家的知识产权战略实施贡献自己的绵薄之力。当然，因为能力与见识所限，虽然研究力求深入、译校力求准确，所述内容仍难免有疏漏之处，最新的信息还应当以WIPO及各国知识产权机构相关网站的公布为准，不当之处敬请读者批评指正。

在本书的母本——"中国申请人在海外获得专利保护的成本和策略"软科学项目课题的研究中，下列国外的合作事务所及其合伙人、律师参加了校对工作，贡献了许多宝贵的建议和意见，包括：Alston & Brid LLP（美国部分）、HOFFMANN · EITLE（欧洲和德国部分）、Cabinet Beau de Loménie（法国部分）、Venner Shipley LLP（英国部分）、Shelston IP（澳大利亚部分）、DANNEMANN，SIEMSEN，BIGLER & IPANEMA MOREIRA（巴西部分）、BECERRIL，COCA & BECERRIL，S. C.（墨西哥部分）、GORODISSKY & PARTNERS（俄罗斯部分）。在此对这些合作伙伴表示诚挚的谢意！

王丹青

2017.1